世界之樹

孕育地球生命的
樹木圖鑑

作者｜麥克斯‧亞當斯 Max Adams
翻譯｜張雅億
審訂｜胖胖樹 王瑞閔
植物生理審訂｜葉綠舒

Trees of Life

前頁

黑暗樹籬（The Dark Hedges），
一條位於北愛爾蘭巴利馬尼
（Ballymoney）的山毛櫸大道。

目錄 Contents

引言   7

CHAPTER 1   II
軟木、橡膠、桑椹：富饒的象徵

CHAPTER 2   57
龍血與耶穌會的樹皮：染料、香精與藥材的原料

CHAPTER 3   97
從蘋果到胡桃：水果與堅果的生產者

CHAPTER 4   139
糖和香料：廚師的寶物

CHAPTER 5   185
超級樹

CHAPTER 6   229
地球保衛樹

詞彙表   266
尾註   266
延伸閱讀   268
索引   268

引言 Introduction

什麼是生命之樹？什麼又是有用之樹？簡單的回答就是，所有的樹都孕育著生命，所有的樹都有用處。樹木就如同海洋，牽動著地球的氣候變化和其無與倫比的生物多樣性，會吸收二氧化碳、汙染物質和太陽輻射能量，也會排放氧氣。樹木能促成水和氣態氮的循環，並發揮降溫作用，為其他數百萬種植物、昆蟲、鳥類、哺乳類和兩棲類提供棲地。樹木也能穩固土壤使其變得肥沃，並減緩洪水氾濫的速度。

竹立在原野上的一棵老樹，有可能為超過3百種鳥類和昆蟲提供了生存環境：除了把這棵樹當成食物來源外，牠們也會在上面築巢繁衍、在樹皮裂縫處躲避掠食者，或是把樹當作是表現自己的舞台，為吸引潛在伴侶而展露身手。在小面積的樹林或廣大的森林中，樹木形成連續不斷的冠層，創造出更大規模的生物群系；而這樣一個龐大的生命有機體，不僅蘊含幾近無限個環環相扣、相互依賴的生物及行為關係，有時範圍甚至橫跨數國和數大洲。樹木死去後，留下的材料還能回收再利用，或用來作為碳匯（carbon sink）[譯註]。

早期的人類在東非疏林裡搜尋食物，生活十分仰賴樹木。對人類這樣一個充滿智慧的物種來說，樹木是我們在偉大文化冒險中的好夥伴，能提供庇護與遮蔭，也能作為原料，用來製造最基本精緻的工具及建造遮蔽處。我們吃樹上結的果實，以葉子、樹皮和樹根製作藥物。在使用木材作為燃料生火後，我們更從此獲得了解放，成為一個好思考、富創意的物種。樹木佔據了支撐永久人類社群的每一大洲——它們就和我們一樣，能夠適應環境、隨機應變。在過去的3億年間，至少就有6萬種樹木隨時間演進，巧妙應對著大自然所帶來的每個機會與挑戰。

樹木的美、適應性和恢復力，樹木的長壽及表現在外的堅毅精神，這些都是人類的靈感泉源。在天與地、生與死的輪迴循環中，樹木所扮演的橋樑角色似乎充滿了魔力。神話故事特別強調樹木在人們

上圖

卡斯帕・大衛・弗里德里希
（Caspar David Friedrich），《孤
獨的樹》（*Der einsame Baum*），
1822年。

眼中所彰顯的智慧、超自然能力與照顧生靈的天性。數千年來，藝術家和作家觀察樹木，將其視為頌揚與諷刺的對象，並賦予其人性。隨著植物學家和生物學家研究其神奇的運作，樹木的奧妙與複雜程度似乎未減反增。我們知道樹木在地底下和地面上都能與彼此溝通。除了能從土壤汲水並輸送至難以想像的高度外，樹木周而復始地運用光線、氣體和水分創造固體物質，過程毫不費力。而在隔著一段距離的條件下，樹木也找出了所有方法，能和無法移動的潛在伴侶繁衍後代。

人類抱持著好奇心，並以經驗作為依據，不斷地對大自然進行種種實驗。從初次使用尖銳工具劈開木材或削去樹皮開始，在過去1百萬年間的大半日子裡，人類社群持續探究與開發利用樹木。在地球上每一個可居住的地區裡，關於樹木在用法、材質、繁衍和行為方面的詳細實用知識持續累積，並傳承給新的世代。在加勒比海地區，孩童和旅客遭警告絕不能食用毒番石榴樹（*Hippomane mancinella*）

的果實，也不要在這種樹下躲雨，以免因而起水泡。在很久以前，哈薩克阿爾泰山（Altai mountains）的牧人就已學會仰賴他們的豬和馬，以尋找出最甜的野生蘋果種類。而在數千年前，東南亞的人就已得知某些樹在受傷後，會滲出一種可塑且防水的乳白色物質。至於第1個將安地斯山脈的可可豆進行乾燥和烘焙處理、進而品嚐到眾神之食的天才，與他相關的記憶早已湮沒在時間的迷霧中。

在這本書中，我想要描繪那些與人類社群建立起有趣聯結的樹木，藉以讚揚人類與樹木、樹林、森林之間豐富多元的關係。在許多情況下，這些故事不僅涉及深入的地方知識，也牽涉到全球化的探索、剝削、環境破壞與社會壓迫。而在其他故事裡，不知名又不起眼的樹木則靠著其藥物特性，或是在極其窮困的人類社群中扮演生存策略上的關鍵角色，變身成為現代生活挑戰的潛在解決方案。只要有機會，我會在故事旁附上精美的攝影作品，或是出自傑出藝術家或植物插畫家的畫作。

各個樹種都已自然地按照數個主題加以分類。在第1章裡，我觀察的是會產出高實用材料的樹木，包括具有多種便利特性的木材、用來製紙與製繩的樹皮、用來照明的堅果，以及用來作為打擊樂器的種子外殼。接著，我花了一章的篇幅討論可食用水果和堅果——其中有某些種類的果樹較為人所知，並將另一章獻給了賦予人類獨特烹調食材及傳統的樹木。染料、香精和藥材也是其中一個主題，當中介紹了十幾種樹木。還有一章關注的是我所謂的「地球保衛樹」，也就是那些對所有人來說極其珍貴的樹種，必須受到保護，以免因人類的疏忽或無知而消失。我也特別挑選了13種表現超乎預期的A級樹木，在「超級樹」的章節中作介紹。某些樹放在其他章裡或許也很合適，但我希望就整體而言，我的選擇——從數千個「有用」樹種中挑選出的少數幾種——能鼓勵讀者多多了解這些我們如此仰賴的生命之樹，並多多認識那些重視及保護這些自然瑰寶的團體。

在這個充斥著塑膠、水泥和鋼鐵的世界裡，荒漠持續蔓延，礦產資源也日漸耗竭，因此我們更應該要提醒自己：只有給予樹木空間和時間，這些不斷付出的生物、化學及工程奇蹟，才能且才會支援我們對材料與美學的種種需求。

CHAPTER 1

軟木、橡膠、桑椹：
富饒的象徵

古塔膠木　17

樺樹　19

吉貝木棉　23

榛樹　25

輕木　29

桑樹　31

癒創木　33

山毛欅　35

小葉椴　39

蒲瓜樹　43

西班牙栓皮櫟　45

巴西橡膠樹　47

桃花心木　49

構樹　51

石栗　53

大王椰子　55

沒有什麼能比得上實用、美觀及可塑性強的木材。最早期的狩獵採集者一定已經發現用一根樹枝能做的幾乎所有事情，包括在蟻丘裡搜尋螞蟻為食，以及架設觸動式陷阱以捕捉兔子。數千年前，澳洲的原住民就已學會用南方蜜盤桂（*Hedycarya angustifolia*）的枝條生火了。較大的樹枝或許能用來阻擋掠食者，或是用來臨時搭建出一道籬笆；一旦削尖或加重後，它們也能用來作為攻擊或防禦的武器。總體來說，木材從超高密度到超輕重量，不論種類，承受壓縮和拉伸的力度似乎都很強。而世界各地的樵夫也已分辨出周遭地區的木材最適合哪些應用：例如用於建築牆壁和屋頂，以及泥塘上的提道。

順著天然的木紋砍斷樹幹或樹枝後，充滿好奇心的木匠會發現新世界就此敞開：沿著紋理斷開的木頭能用來製成木盤、木板、楔子、家具和任何裝置的零件。相較於現代的任一材料選項，某些樹所產出的木材，例如重量極重的癒創木（*Guaiacum officinale*），已經證實更適用某些重型工程。而如今，建築師們也再次認真考慮將木頭視為永續建材。

樹木不僅是木材的來源：西班牙栓皮櫟聞名之處在於其樹皮如海綿般鬆軟，能定期採收；另外，許多樹的樹皮上都有細長的纖維，能用來製作繩子、墊子、漁網，甚至是衣服和紙張；漁夫和設陷阱捕獸者也會利用北美樺樹的樹皮，製作有韌性、堅固且輕的獨木舟。

第1章介紹來自四大洲的樹種，藉以說明當地社群從樹上獲取的材料種類有多廣泛。這些社群自古以來將這些樹視為「自助手工用品店」，從中取得絕緣、填充、搭屋頂和蓋房子的材料。樹葉能作為蠶和農場動物的食物，樹的種子或果實外殼適合用作容器，種子油則能用來烹飪和照明。善加利用樹的各個部位是樵夫的傳統原則之一：無法用於製作或調製必需品的部分，就會被當成燃料燒掉。有些樹被視為獨特的個體而受到重視；其他的樹則被當成作物來培

植，每隔幾年就會收成一次。許多樹可重複收成，且過程中不會受到傷害；有些樹則必須要重新種植，才能確保下一代的生長。但不論是什麼樹，都必須被看作是廣大生態系統的一環：樹木能被取代，但古老的樹林和森林卻是失不復得。

大量的經驗、歷史、神話知識與每棵樹獨特的物理特性密切相關。某些樹在其生長地的傳奇故事與身分認同中，扮演著極其關鍵的角色，以致它們甚至成了國旗或郵票上的國徽圖案。許許多多值得被納入此處作介紹的樹，其重要性之於當地社群，就如同數千年來，為人熟知的榛樹之於歐洲農夫和牧人一般。然而，由於如今工廠大量生產的標準化商品較受人青睞，以致有些樹或多或少遭受到忽略——諷刺的是，那些對近代環境敏感度來說是禍害的東西，包括塑膠和燃油，其實都是衍生自數百萬年前已死去的樹木殘骸化石。

在研究這本書中許多樹木的歷史時，無可避免的狀況是，某些令人不安的史實也跟著被披露出來；特別是來自歐洲強權的殖民者、奴隸雇主和企業家所從事的開發活動，為後人留下了影響深遠的經濟、社會與環境遺產，包括推動人類福祉的各項利益與較為負面的後果，兩者程度相當。儘管這些樹為歷史提供了充滿創造力與新發現的豐富故事，但如此觀點也必須以不幸的壓迫與剝削史實加以平衡報導。本章所介紹的樹木正好見證了這兩種現實。

Sapoteae.

1 2 3 4 5 A.

Isonandra Gutta Hook.
Tubanbaum.

古塔膠木
Palaquium gutta

地方名：TABAN；GETAH PERCA（馬來語）

如果你曾在牙醫診所接受根管治療，你的齒內空腔很可能是用一種名為「古塔膠」的天然乳膠針進行填充。如果你恰巧是研究電信歷史的學生，就會知道在19世紀鋪設的第一條跨大西洋無線電纜，外面的保護套也是用同一種材料製成。古塔膠具可塑、絕緣和抗鹽水的特性，在當時是一項令人驚豔的產物，促成了全球通訊與電力的革命。然而，其背後的歷史也與生態災難、殖民剝削脫不了關係。

東南亞的古塔膠木生長於偏僻且地形陡峭的小樹林中。傳統上，為了收集古塔膠木所生產的富黏性白色乳膠，工人必須深入當地，並以刀子刻劃活樹的樹皮——乳膠是古塔膠木的天然防護機制，採收時會用羽毛管接住，再使其流至金屬杯中。有別於印度橡膠的是，將凝固的古塔膠放在熱水中加以軟化塑型後，其材質反而會變得堅固，即使是長期浸沒於海中也不受影響。

在1850年代早期，一項野心勃勃的計畫就此誕生，目標是發展跨海電報以聯繫大英帝國的核心地區。基於這個原因，古塔膠的需求量擴大到了工業等級的規模，而該材料的開發利用也成了西歐強權相互競爭的策略性必要手段。這些國家渴望能擁有傳接消息的暢通管道，以及即時通訊所帶來的政治與商業優勢。古塔膠從此成為了一種炙手可熱的材料，用於高爾夫球、拐杖甚至家具的生產。慘遭砍倒、刻痕取膠並棄置到腐爛的古塔膠木數以千計，甚至有可能數以百萬計，堪稱是一場生態浩劫。雄偉的古塔膠木能長到30公尺高（98英呎），但每一棵樹平均只能產出11盎司（312公克）的乳膠，且大約要長到第30年才開始有生產力。在英國，古塔膠的進口量在1875年達到了1百萬噸；而光是在兩年內，印尼和馬來西亞的古塔膠木據估就被砍倒了6萬9千棵。為栽種經濟作物而砍伐森林，這從來就不是什麼新鮮事。[1]

儘管廣泛的造林活動與更永續的取膠方式已有所進展，但一直要到20世紀初，古塔膠的化學合成法問世後，這種非凡之樹的存續才終於得到保障。

具開拓精神的樺樹
Betula pendula; B. papyrifera

地方名：EUROPEAN WHITE BIRCH（「歐洲白樺」）；WARTY BIRCH（「疣樺」）；PAPER BIRCH（「紙樺」）；CANOE BIRCH（「獨木舟樺」，北美）

左圖

秋天的樺樹，地點在蘇格蘭的凱恩戈姆山國家公園（Cairngorms National Park）。

下圖

春天的雄性樺樹荑荑花序。

在北半球某個寬廣的帶狀地區裡，也就是從愛爾蘭到堪察加半島（Kamchatka）以及從阿拉斯加到紐芬蘭島的範圍內，你會發現到處都是樺樹。在歐亞，具有細長樹幹、灰白裂紋樹皮、細緻葉片與荑荑花序的銀樺，是刻苦耐勞的拓荒先驅；其隨風飄散的微小種子能在任何貧瘠或空無一物的土地上立足，且能迅速成長到大約25公尺高（80英呎）。然而樺樹並非長壽的森林巨樹，最多僅能活至1百歲出頭。樺樹在北美的表親是紙樺，高度可能較高一些，能長到40公尺高（130英呎），通常能在白楊樹和楓樹周遭發現其身影。樺樹靠著周期性的森林大火反而能茁壯生長，因為在那之後，其種子能快速地佔據才剛被大火烤焦的土地。

儘管到最後，樺樹和紙樺都會被森林中雄偉的冠層樹種（canopy tree）取代，然而耐寒特性能確保它們在最北方的生長區內，幾乎找不到競爭者。樺樹就和楓樹一樣能適應冬天的酷寒；到了春天，它們的根會產生正壓，將結霜後細胞內殘存的氣泡都擠出去，進而促使糖和水分回到樹上——隨之而生的副產品是受人喜愛的微甜樹液，能經採集製成清爽的飲料。樹幹上明顯的橫列細長疤痕稱為「皮孔」，是樹木用來與外界進行氣體交換的孔隙。

樺樹不僅是拓荒先驅，也是守護其他開拓者的樹：除了作為哺乳類、鳥類、昆蟲、苔癬與真菌的掩護屏障外，也能使其他結果植物得以立足生長。啄木鳥經常在老樺樹上築巢。含有樹脂的外層樹皮在不傷及樹木的情況下就能輕易剝落，即使在潮濕的環境中，也是非常方便的火種。在北美，紙樺樹皮對原住民社群來說極其重要，除了用於製作箱子和籃子外，大片取下的樹皮也是很理想的建築材料，能用來搭蓋屋頂，並建造防水、重量輕、易攜帶且船身表面粗糙的獨木舟。[2]早期的歐洲貿易商和皮草獵人很快就採用這些獨木舟，作為進入北美五大湖與河川的交通工具。樺樹與紙樺的木材和木炭都能用來作為燃料，而以這兩種樹製成的合板則特別適合用來製作高品質的鼓。此外，其木漿也能用來作為紙廠的原料。

古斯塔夫・克林姆（Gustav Klimt），《樺樹林》（*Birkenwald*），1903年。

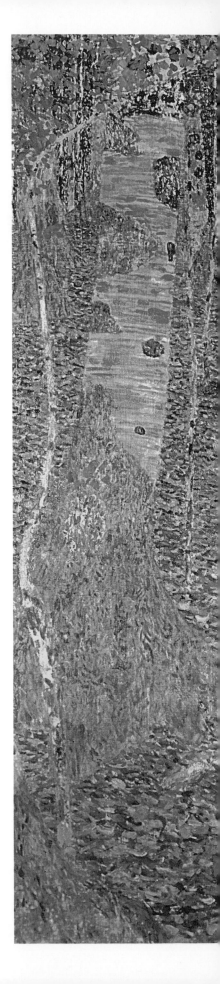

雄偉的吉貝木棉
Ceiba pentandra

地方名：木棉（MUMIAN）；YAXCHE（馬雅語）；KAPOKIER（法語）

左圖

一棵吉貝木棉的蜿蜒樹根纏繞著柬埔寨吳哥窟的塔普倫寺（Ta Prohm temple）遺跡。

下圖

吉貝木棉的種莢裂開，露出柔軟的纖維。

吉貝木棉又稱為「絲棉樹」（silk-cotton tree），其最為人所知之處，可能是種莢會長出鬆軟的纖維，能隨風飄散以確保種子順利傳播。儘管未受到包覆的纖維會刺激眼睛和皮膚，然而許多枕頭和鋪棉外套之所以令人感到柔軟溫暖，都要歸功於這種天然的絕緣材料。話說回來，吉貝木棉本身就是世界上數一數二雄偉的樹，高度聳天（可高達75公尺／250英呎），樹幹壯碩，板根巨大，看起來就像是大自然的紀念碑。而樹幹上粗大的圓錐形硬刺則是具威嚇作用的防禦武器，用來使人打消爬上樹的念頭。

吉貝木棉原是南美熱帶的落葉樹，如今已在世界各地緯度相似的地區廣泛生長。對印加人與馬雅人來說，地位神聖的吉貝木棉想必就像是連通天際與地心的階梯。儘管吉貝木棉有時也稱作是「魔鬼的城堡」（castle of the devil），然而卻經常種植在村莊和寺廟附近。採用吉貝木棉作為國徽的至少有3個國家：瓜地馬拉、波多黎各和赤道幾內亞。而在獅子山共和國的首都自由城（Freetown），吉貝木棉則被視為是自由的象徵而受到珍視。

一棵成熟的木棉每年有可能會產出3百至4百個種莢。[3] 當這些種莢裂開露出柔軟有彈性的纖維時，種子就會被採收然後進行乾燥處理。儘管這些纖維的易燃特性有引發火災的風險，但仍被廣泛應用於室內裝潢品的填料與絕緣材。亞馬遜盆地的原住民會用吉貝木棉的纖維包覆住他們的有毒吹箭，以達到密封作用。吉貝木棉的種子內含油分，也可用來作為燃料和調漆油。樹皮有利尿功效，可用來治療糖尿病；重量輕且具浮力的木材適用於雕刻和製作獨木舟，而散發腐臭味的花朵則能吸引蝙蝠和其他授粉媒介靠近。如此巨大且構造複雜的樹必然會形成自己的生物群系，為各類物種提供生存環境，包括昆蟲、鳥類、兩棲類、哺乳類和爬蟲類。

吉貝木棉為木棉屬（*Bombax*）植物，而木棉家族還包含大果木棉及其他兩種巨樹：輕木與猢猻木。此外，吉貝木棉與東南亞原生樹種「瓦勒頓木棉」（*Bombax valetonii*）雖然差異顯著，但兩者亦有親緣關係。

榛樹
Corylus avellane

地方名：WALKING-STICK TREE（「拐杖樹」）

榛樹是樵夫眼中的極品樹。從英國到烏拉爾山脈（Ural mountains）甚至遠在南方的賽普勒斯，這種具有魅力、個頭卻不大的多莖樹種——高度幾乎不會超過10公尺（33英呎）——為歐洲的古老林地增添了優美風采。榛樹是其中一種最早開始展開春天活動的林木。從2月起，榛樹低垂的淡黃色雄性柔荑花序照亮了短日，也為斑駁淡褐色平滑嫩枝上的小紅花提供了花粉。

榛樹在3月開始長葉，並且在夏季期間以驚人的速度成長，有時一年就長了1公尺以上。只要陽光充足，榛樹就會結出大量的圓形小巧堅果，在如帽般的綠色苞片中（在古英文中haesel一字意指「帽子」）呈現濃綠色，接著在成熟時會變成有光澤的深褐色。榛果在尚未成熟時亦可食用；秋天時，人類和松鼠會收集榛果，儲存作為冬天時重要的食物來源。人工培育的榛樹種類包括大果榛與歐榛。

榛樹特有的綠色苞片圍繞著榛果，說明了榛樹英文名稱hazel的由來：古英文haesel一字的意思是「帽子」。

右圖

春天時，雄性葇荑花序伴隨著花粉垂掛在榛樹上。

在最後一次冰河期後，榛樹緊隨著樺樹佔據了北緯土地。追趕麋鹿與鹿群的狩獵採集社群很可能和勤奮的松鼠一樣，都是榛樹繁衍的媒介。從樹基自然長出的枝條就和榛果同等重要，不但堅硬也具彈性，適用於各種輕建築與工具製作。用榛木條編製的柵欄堅固輕盈，能作為動物的圍欄和籬笆；此外，榛木條也用於製作傳統圓房的牆板和中世紀建築的編條結構，一般會再塗上泥土、稻草和動物糞便，使其具有防水效果。榛木條還能用來隨機應變，臨時製作出掃帚柄、伸縮骨架和彈簧裝置，或是捆成柴把為爐灶生火。

榛樹天生就會自行從樹幹底部分枝生長（騈幹現象），而這個發現肯定為早期的樵夫上了一堂啟蒙課。他們發現榛樹每隔7或8年就能採收一次，且能持續循環，定期產出筆直又內徑一致的木柱。在土壤潮濕易於保存木材的考古遺址上，例如橫跨沼澤的古老堤道，以及古凱爾特人的湖上住所人工島（crannog），曾挖掘出榛樹的枝條。而在蘇格蘭與北英格蘭最早的居住建築裡，也曾在早已熄滅的營火餘燼中發現榛果殼。

輕木
Ochroma lagopus; O. pyramidale

地方名：BOIS FLOT（法語）；BALSO TAMBOR（西班牙語）

1947年，挪威探險家索爾‧海爾達（Thor Heyerdahl）為證明南美洲人早已在玻里尼西亞殖民，因而踏上了探險考察之旅；而當時，適合用來為他打造船身的只有一種木材。在西班牙文中，輕木名稱balsa的字面意義就是「木筏」。早期的太平洋航海家想必對樹木、木材及各種實務應用有著深入的了解；西班牙殖民者過去就曾在文字記載中，提到太平洋島嶼原住民高超的手工製船技術。[4] 為了應付漫長的旅程，海爾達使用的也是當時最好的造船材料：輕木用於船身，竹子和香蕉葉用於船艙，紅樹林木與杉木用於舵槳，松木則用於垂板龍骨。康提基號（*Kon-Tiki*）經歷了101天的海上漂流，終於在撞擊後登上當時無人居住的一個環狀珊瑚島。這座隸屬於圖阿莫土群島（Tuamotu）的小島名為「拉羅亞」（Raroia），距離康提基號在祕魯的出發港口「卡亞俄」（Callao）有4千3百英哩遠（6千9百公里）。這艘木筏的船身是用9塊60公分厚（6英呎）的輕木木材搭建而成，結果證明輕木不僅具有絕佳的浮力，乘浪表現也很突出，拍打上來的海水就像是經過篩網一般，瞬間就被排掉了。

輕木的絕倫特性在第二次世界大戰中早已獲得肯定。二戰的飛機使用環境對木材也同樣講究：以膠合板蒙皮的蚊式轟炸機擁有「木製奇蹟」（wooden wonder）的美譽，其機身就是用輕木建造而成，使其具備足夠的力量與輕盈度，以達到多功能戰機對高速與高海拔的需求。近代的飛機迷經常會使用與原機類似的材料，並按照傳統作法以輕木專用接著劑黏合，製作出具流線外型的蚊式轟炸機模型。

羅傑‧黑帝（Roger Heady）博士利用掃描式電子顯微鏡研究輕木的特性，指出這種木材之所以如此輕盈，是因為它只有40%的體積是固體，其餘則都是空氣。[5] 高聳的輕木是靠導管中的液壓加以支撐，且導管的管壁非常薄。儘管輕木嚴格來說算是硬木，然而經乾燥後，密度只有每立方公尺不到9公斤（20磅），幾乎是橡木的6分之1。輕木是中南美洲潮濕熱帶雨林的原生樹種，在不到15年內就能長到27公尺（90英呎），但壽命幾乎不超過30至40年。

桑樹
Morus alba

地方名：桑

1889年10月初，當梵谷住在普羅旺斯聖雷米（St Rémy）的療養院時，一株桑樹的濃密秋葉深深吸引住他。儘管那年他飽受精神病所苦，但他的桑樹油畫以表現派畫風呈現出蓬勃生氣與活力，使其成為他特別喜愛的習作之一。

在早於這位荷蘭繪畫大師的好幾個世紀前，中國藝術家就已開始頌揚桑樹之美了。這種在中國最具代表性的樹是蠶最喜愛的食物來源。蠶是蠶蛾的幼蟲，蛹化成蛾後就會破繭而出。用來作繭的蠶絲輕盈纖細且價值不斐，是一種上好的天然布料。蠶絲的最早記載出現在西元前的第4個千禧年，而桑樹栽培的相關文字記述則可追溯至西元前2世紀。中國權貴小心翼翼地守護著蠶絲生產的秘密，使相關技藝得以保存下來。古時的希臘、羅馬和中東商人不但知道絲綢的存在，也很看重這種布料的價值。絲綢在著名的絲路沿途作為商品交易，並且被作戰的士兵帶回了家鄉。一直到拜占庭皇帝查士丁尼一世（公元527年至565年）統治時期，蠶絲生產的生物學與技術在歐洲才開始受人理解與仿效。

作為蠶蛾產卵據點的桑樹具有穹頂外形，心形葉片在向上延展的樹枝上濃密生長。雖然高度不高，最多可達20公尺（65英呎），但桑樹的生長速度快，壽命也很長，有可能活到2千年以上。桑樹如今種植於世界各地，在溫帶地區為落葉樹，在熱帶地區則為常綠樹。春天時，雄性葇荑花序會瘋狂噴發花粉，速度明顯是音速的一半。

紫、紅或白色的桑椹可食用且具甜味。桑葉可用來餵家畜或泡茶，其萃取物則經證實能有效治療蛇咬。桑樹根的樹皮具抗菌特性，或許還能抗癌。纖維可從樹皮取得，而木材不僅堅硬也抗腐蝕，內部的心材呈深棕色，邊材顏色則淡了許多。桑樹吸引梵谷的那些特質，說明了人們為何喜愛將桑樹作為公園和花園的觀賞樹木。

1

2

3

4

E. Kirchner sc.

A. *Guajacum officinale L.*

Echter Guajakbaum.

生命之樹：癒創木
Guaiacum officinale; G. sanctum

地方名：PALO SANTO（「聖檀木」，西班牙語）；
POCKHOLTZ；IRONWOOD（「鐵木」）

2000年代初期，美國的一間水力發電廠發生了一連串與渦輪相關的狀況。當時，工程師為解決問題而訴諸傳統技術，以舉世聞名的癒創木製作新零件，用以取代發電廠的現代合成軸承。癒創木堅硬無比，不僅密度高，又會自動潤滑。那些工程師都對這種「嶄新的」舊材料感到驚奇。[6]世界各地的板球迷都知道，在風大的日子裡，裁判會拿出一組以癒創木製成的重橫木（heavy bails），用來預防擊球員因意外而出局。另外，癒創木塊沉入水底的樣子，也總是能讓小孩子看得很開心。癒創木的木材有許多用途：用於製作珍貴的傳統雕刻藝品，例如來自如今海地所在地的泰諾族儀式用椅（Taino duho chair）；用於製作船艦與潛水艇的推進器軸承；用於製作警棍、吉他琴頸、電氣絕緣材以及時鐘機制——英國鐘錶大師約翰．哈里森（John Harrison，1693年至1776年）發明了榮獲經度獎的航海天文鐘，而他在製作作品時也使用了癒創木。癒創木能被磨成堅硬又尖細的稜邊，因此甚至能用來製作刀具，而刀具上的握柄與刀刃更是以單一木塊雕刻而成。

加勒比海地區有兩種用來作為木材來源的常綠癒創木，生長緩慢，大小一般，高度不超過10公尺（33英呎）且長有小片複葉，而這種樹所綻放的嬌嫩紫花與白花正是牙買加的國花。從癒創木樹皮取得的樹脂在傳統上用於治療數種症狀，包括咳嗽與關節炎，而其木屑則能用來泡茶。由於歷史上的過度開發，癒創木如今遭列為瀕絕物種，出口因而受到限制。

儘管癒創木具有迷人特性，但其背負的歷史包袱也同樣沉重。在英國初見的癒創木樹種，是由愛爾蘭內科醫生與收藏家漢斯．斯隆（Hans Sloane）於1687年取得。（斯隆的收藏品除了植物標本與動物骨骼外，還包括手稿、畫作與錢幣。這些收藏品為大英博物館及其後的自然歷史博物館奠定了基礎。）癒創木的木材也在具剝削性質的大西洋三角貿易中，與奴隸、農產品、手工藝品、自然資源並列，成為了一項貴重的交易品。

山毛櫸
Fagus sylvatica; F. grandifolia

地方名：EUROPEAN BEECH（「歐洲山毛櫸」）；AMERICAN BEECH（「美洲山毛櫸」）

從愛爾蘭到黑海以及從斯堪地維亞到義大利南端，山毛櫸的聳天高柱與透光翠綠樹冠，妝點著歐洲的廣大森林。北美東半部擁有屬於當地的山毛櫸，與歐洲山毛櫸的親緣關係緊密；而亞洲也是山毛櫸科（*Fagaceae*）成員的產地。山毛櫸是不知羞怯為何物的樹種：不僅非常需要空間與陽光，甚至極其貪婪地遮蔽住其他樹木與灌木，使其無法與之抗衡。在地底下，山毛櫸也和菌根菌發展出密切關係，藉由分享糖分的方式換得氮和其他稀少的礦物質。由此可見，山毛櫸森林可說是互惠團結的叢生群集。

如同櫟樹，山毛櫸的堅果產量非常大（或稱「栗實堆」〔mast〕），每一個覆有尖刺的殼斗內都包含2至3粒堅果；而結果數量不規律這點也和櫟樹一樣。在豐收年間，產量過剩能確保飢餓的鳥類和哺乳類不會吃光所有的堅果。山毛櫸森林對傳統社群而言是珍貴的資產：每年秋天，豬群會被趕到森林裡吃山毛櫸堅果，使牠們能在冬天被宰殺前變胖——這種作法稱為「林地放養豬」（pannage）。山毛櫸堅果富含油脂，對健康十分有益，烘焙後還能作為咖啡的替代品。其木材堅固且密度高，有著細緻的木紋，適合用於家具製作、地板鋪設及木工車床的相關應用；而薄木板在過去更用於裝訂手稿（book一字源於古英文boc，意思就是「山毛櫸」）。這種木材能製作出高品質的煤炭，不僅燒得又久又燙，燒完後還會產生一種如柏油般的殘留物，能用來作為防水和防腐的塗料。山毛櫸的樹葉剪下後能當作家畜的飼料，樹皮則含有單寧，能用於皮革鞣製加工。

山毛櫸通常會長到30公尺（98英呎）以上，駢幹現象顯著，能定期產出木柱與燃料。由於冬天時，山毛櫸的枝頭上還是有許多枯葉，因此很適合作為樹籬。不同於櫟樹的是，山毛櫸並不長壽，幾乎很少活超過250年。

小葉椴
Tilia cordata

地方名：PRY

在《貝武夫》（Beowulf）這首古英文史詩中，主人公貝武夫面臨終極挑戰，起身對抗一心報復的巨龍時，曾在許多次戰鬥中掩護他的椴木盾，結果證實還是不足以在這次戰鬥中作為防禦，使他必須另製鐵盾。然而對區區凡人而言，椴木是最適合用來製作戰盾的材料：除了重量輕、具淺色光澤外，也十分堅硬，能吸收重擊的能量。盎格魯—撒克遜王國的國王雷德沃爾德（Raedwald，大約死於公元625年）也是椴木盾的愛用者，他在薩頓胡莊園（Sutton Hoo）的船葬墓是英國考古學引以為傲的一大發現[譯註]。

小葉椴又稱為pry，外型壯麗且向外延展，高度可達40公尺（130英呎），是歐洲多數地區的原生樹。相較於雷德沃爾德的時代，小葉椴如今已變得稀少，然而過去在林地、荒原與矮林中卻相當常見，在許多以「林頓」（linden，椴樹的英文名稱）命名的地方都找得到其化石。如今在中世紀建築中，仍然能看到泥塗牆板以椴木柱作為支撐。英國木雕家格里林・吉本斯（Grinling Gibbons，1648年至1721年）喜好用椴木雕刻出華美作品，其中有許多中世紀祭壇裝飾是用一整塊椴木刻製而成，如今顏色已變得暗沉斑駁，表面也因摩擦而變得平滑。椴木乾淨、平坦的紋理和輕盈的重量，使其成為樂器共鳴板和鋼琴琴鍵的最佳材料。此外，椴木也很適合製成木炭。木材並非小葉椴唯一的產物：數世紀以來，一直都有人利用剝取、敲打及扭轉的程序，將其內樹皮（韌皮部）製成強韌的繩子；而近代在重建維京時代用於遠洋航行的船隻時，仍會使用椴樹的韌皮纖維來製作繩索。椴樹的嫩葉可以食用，能作為飼料。盛開的淺黃色花朵吸引蜜蜂前來，經採集釀製而成的椴樹花蜜十分受人喜愛。

小葉椴有可能活到很高的歲數：已有記錄顯示，某些椴樹存活了7、8百年甚至更久，但很難推斷其確切的生長年代，因為成熟的椴樹心材會從內而外開始腐爛，以致幾乎無法找到完整的年輪。小葉椴優雅且具觀賞價值，在知名的林蔭大道兩旁常見其排列成行，例如柏林的林登大道（Unter den Linden）。這條大道上最初的小葉椴種植於1647年，而如今現存的小葉椴生長時間則可追溯至1950年代。林登大道的代表性路標在1945年時遭英國士兵掠奪，如今保存於倫敦的帝國戰爭博物館。

蒲瓜樹
Crescentia cujete

地方名：CUITÉ（巴西葡萄牙語）；CALABACERO（西班牙語）

在全世界有用的樹當中，蒲瓜樹之所以顯得獨特，或許是因為其栽種目的通常不是為了木材，也不是為了果實（成熟後幾乎無法食用），而是為了包覆在果肉外的硬殼。加勒比海地區、中美洲及南美洲北部是蒲瓜樹的原生地；在這些地區，蒲瓜經挖空後，木質外殼會用於製作各種居家用品，例如勺子、容器、長柄杓與飲用器皿。打擊樂器沙鈴與刮胡傳統上也是以蒲瓜殼製成。而加勒比海地區的原住民社群則會在蒲瓜殼上刻以精美裝飾，製作出各式各樣的手工藝品。

蒲瓜樹的適應力強，在路邊、林地邊緣、小塊荒蕪土地及海邊灌木叢中都能生長，除了能忍受乾旱與潮濕，也很耐寒。蒲瓜樹高度可達10公尺（33英呎），樹幹細，具散形樹冠，成熟時有可能一整年都會開花；花為中脈呈紫色的黃綠色花朵，據說聞起來像甘藍菜。極具特色的果實生長時間歷經數月，可長到直徑達25公分（10英吋）。果肉具收斂止血及通便功效，可製成糖漿以緩解感冒和發燒症狀，據說還能作為墮胎劑。[7]葉子偶爾會用來煮湯，浸泡在熱水中可用來清洗傷口和加速癒合，而樹皮則可能具抗菌特性。種子可烹煮食用，或是用來當作具迷人香氣的咖啡替代品。內樹皮的纖維一般用於製作繩索，而木材在經劈開削成板條後，可用於製作籃子。[8]

伊斯帕尼奧拉島（Hispaniola，現今的海地與多明尼加共和國）的泰諾族會將蒲瓜挖空並鑿出兩個窺視孔，以作為狩獵時戴的面具。較小的果殼可能會裝入豆子或米以製成沙鈴，較大的果殼經挖空開槽後可製成刮胡，也就是噪音爵士樂團所使用的洗衣板^{譯註}前身。在非洲，另一種「蒲瓜」——它不是樹，而是稱為「葫蘆」（*Lagenaria siceraria*）的爬藤植物——甚至被用來製成更多種類的打擊樂器，包括外型近似一般木琴的巴拉風木琴（balafon），並且也是非洲豎琴「可拉」（Kora）的音箱組成材料。

西班牙栓皮櫟
Quercus suber

地方名：SOBREIRO（葡萄牙語）；CHÊNE-LIÈGE（法語）

植物學家之所以將西班牙栓皮櫟列為櫟樹家族的一員，並不是因為這種樹有鋸齒狀常綠樹葉，或是具有深縱溝紋、外觀奇特的樹皮，而是因為其果實富含單寧，且深受秋季放養豬喜愛——即便對未受過訓練的人來說，這都是一個用來指認出西班牙栓皮櫟的明顯線索。這種樹非常能適應地中海沿岸的土地，以及當地的酷熱夏天和濕涼冬天。一棵中等大小的樹高度大約是20公尺（66英呎）。西班牙栓皮櫟的原生地範圍從東邊的西西里及西北邊的庇里牛斯山，一路延伸至南邊的阿爾及利亞與西邊的摩洛哥，而其厚實且具絕緣作用的樹皮足以抵禦當地常見的週期性大火。在西班牙栓皮櫟的中心產區，也就是葡萄牙與西班牙西部，開放性的西班牙栓皮櫟森林數個世代以來都受到悉心管理，進而創造出名為「蒙塔多」（montado）或「德艾薩」（dehesa）的獨特生物群系，也就是動植物群豐富多樣的林放牧（wood pasture）。[9] 西班牙栓皮櫟森林是珍貴的貓科動物伊比利猞猁最後的堡壘，在摩洛哥則是巴巴利獼猴與短趾鵰的庇護所。

幾乎沒有樹在外樹皮被完全剝除後還能存活，因為外樹皮保護的是篩管，而樹木必須要靠篩管在葉子和根部之間輸送水、糖分和礦物質，才能生存。然而西班牙栓皮櫟一旦成熟，也就是樹齡約達25歲時，就有辦法承受這種明顯的破壞，且每隔7到10年就能採收一次樹皮。這種生產力極佳的樹有可能活到250歲；只要樹齡越大，樹幹直徑就越大，樹皮採收的經濟效益也就越高。軟木（西班牙栓皮櫟的外樹皮）是一種細緻、透氣且具浮力的天然絕緣材，最為人所知的是作為葡萄酒軟木塞的原料，另外也可用來製作地板、釣魚浮漂、隔音牆板及板球的中心部分。然而，如果葡萄酒產業不再持續使用這種優秀且永續的天然材料，西班牙栓皮櫟森林和其獨特的生態系統將有可能無法存續。

西班牙栓皮櫟屬雌雄同株，在同一棵樹上有分開的雄花與雌花，並且以風授粉。新樹從果實中生長，而由於櫟樹天生具有高度的遺傳歧異，本土與邊際族群的變異性因而相當受重視——舉例來說，摩洛哥馬莫拉森林（Mamora forest）中的果實據說是可以食用的。[10] 在大多數的商業栽培地區，不論是西班牙栓皮櫟或其森林，都受到法律保護。

巴西橡膠樹
Hevea brasiliensis

地方名：SIRINGA（西班牙語）；PARÁ RUBBER；
SERIGUEIRA（葡萄牙語）

左圖

橡膠種植園內以年輕樹木排列成行的一條大道。

下圖

在泰國的一棵橡膠樹上可見傳統的刻痕取膠手法。

全世界自然資源的過度開發如今已加劇演變成一場致命的競賽。巴西環保鬥士奇科・曼德斯（Chico Mendes）於1988年遇害後，巴西傳統橡膠採集工與亞馬遜雨林的困境，也隨之登上了全球的新聞頭條。曼德斯號召他的採集工同伴一起守護雨林，抗議為全球肉牛業建置牧場而進行的林地清空活動。而他留給世人的一份禮物就是取得政府協議，同意預留空間設置「萃取保留區」（extractive reserves），以確保雨林資源的永續採收。[11]

在歐洲企業家抵達新世界的2千年前，奧爾梅克文明（Olmec，其字面意義就是「橡膠人」）早已在使用巴西橡膠樹和美洲橡膠樹（*Castilla elastica*）所產的黏稠乳膠，以製作儀式活動所需的球類。他們在中美洲的後繼者，也就是馬雅人與阿茲特克人，則會在布料上塗抹橡膠使其防水，以及利用橡膠製作容器。18世紀中期，法國探險家夏勒・瑪西・德・拉・康達明（Charles Marie de La Condamine）首次將橡膠介紹給歐洲的科學社群。爾後，英國科學家約瑟夫・普利斯特利（Joseph Priestley）發現橡膠能用來擦去鉛筆字跡；法國植物學家法蘭索瓦・費奴（François Fresneau）則發現松節油能用來溶解橡膠。1839年，美國商人查爾斯・固特異（Charles Goodyear）利用硫化作用，使橡膠變得更耐用。然而一直到40年後，大批種子由英國探險家亨利・威克翰（Henry Wickham）非法走私，從巴西運送到英國邱園（Kew Garden），英屬印度殖民地才開始大面積栽植橡膠樹。自此之後，橡膠的開發再也沒有中斷過。

落葉性的原生巴西橡膠樹高度可達40公尺（130英呎）。如同古塔膠木，巴西橡膠樹經切割或刻劃後會滲出白色乳膠。這種乳白色的液體經收集加工後，可變化出各種應用，包括衣物、鞋類、絕緣材、吸震材和汽車輪胎。至於人工栽培的較小型巴西橡膠樹，乳膠產量大約在30年後就會開始下降，之後這些樹會被砍掉作為家具材料或燃料。巴西橡膠樹的種子數量充裕，可用來榨油，而榨油過後的籽粕則可作為動物飼料的添加物。全球的商業利益與地方的橡膠永續採收勢必會產生衝突，而這樣的緊張關係不僅考驗著大自然與人類的恢復力，對於國際社群是否能為未來世代妥善管理與保護這些重要資源，也是一大挑戰。

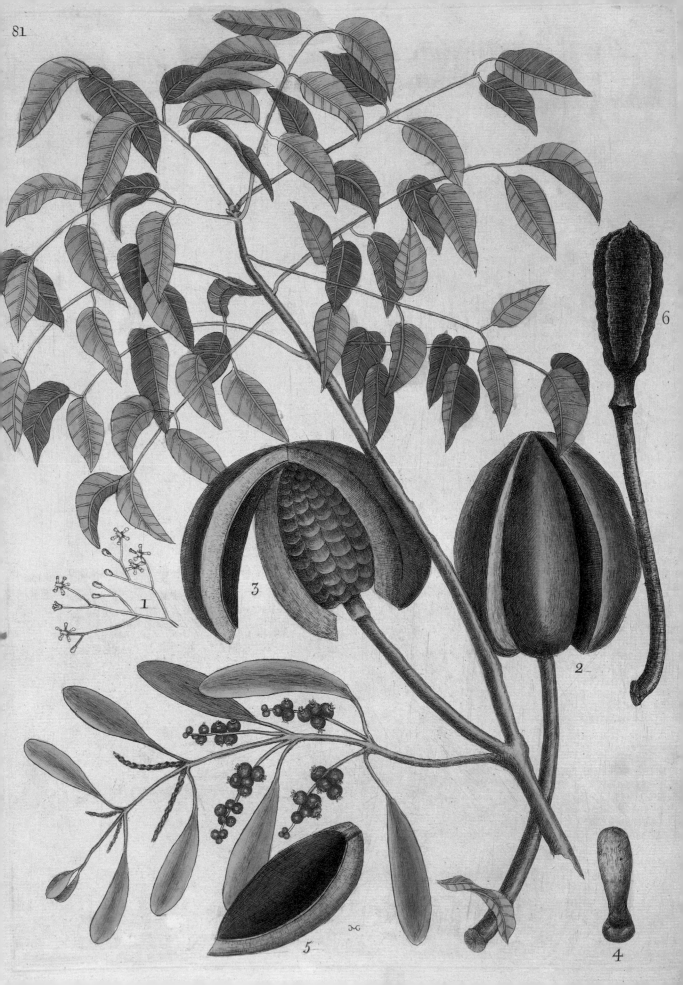

桃花心木
Swietenia mahagoni; S. macrophylla

地方名：AMERICAN MAHOGANY（「美洲桃花心木」）；
WEST INDIAN MAHOGANY（「西印度桃花心木」）

左圖

桃花心木的葉子、花朵、果實與種莢，源自18世紀的插畫作品。

下圖

採收處理後的桃花心木圓木正在等候運送，地點在加勒比海的千里達及托巴哥（Trinidad and Tobago）。

最下方

一棵成熟的桃花心木，位於古巴。

在西非的熱帶森林中，m'oganwo（非洲楝〔*Khaya senegalensis*〕）不論在字面或實際意義上都是「萬樹之王」。當西非的奴隸被帶到加勒比海地區後，他們發現當地也找得到具有相同特質的樹木：密度高、持久耐用、容易加工、重量出奇輕盈，加上木紋顏色濃郁深邃。於是，兩種在全球占重要地位的木材樹，從此取m'oganwo諧音被命名為mahogany，也就是「桃花心木」。

歐洲企業家很快就發現這種木材在歐洲市場能有可觀的獲利。到了18世紀中期，據說每年從牙買加出口的桃花心木板總長已達50萬英呎。這些樹靠著被剝削的廉價勞工砍斷、採伐與裁切。[12] 某些木材被應用於早期加勒比海地區的殖民建築上：聖瑪麗亞·拉梅諾爾大教堂（the Cathedral of Santa María la Menor）位於多明尼加共和國的聖多明哥（Santo Domingo），是西印度群島現存最古老的教堂，以擁有桃花心木雕刻的內部裝潢而自豪，而這些木雕的年代甚至早於1540年。[13] 儘管多數的商業貿易預定為歐洲造船業所用，然而由於桃花心木也是精品家具的主要木材來源，因此到了20世紀時，人工種植園以外的桃花心木都面臨到滅絕的威脅。

如同印度楝（見第2章第89頁）與喀亞木（*Khaya*），加勒比海地區的兩個樹種也是楝科（*Meliaceae*）的成員。楝科大多為常綠植物，而且全是原生於熱帶地區。在自然的狀態下，純種的桃花心木高度大約能達到30公尺（98英呎），具有單一支撐和稍微帶有縱溝的樹幹，以及寬廣多蔭的樹冠。除了作為木材外，桃花心木的樹皮含有單寧，能用於皮革鞣製；而其收斂止血功效不僅被廣泛運用在抗菌與退燒藥物上，也用於治療腹瀉。桃花心木的種子可萃取出油分，而壓碎的果殼能作為盆栽的介質。桃花心木也很適合與咖啡及其他經濟作物間植，為其提供成長快速的林蔭。許多知名的馬丁民謠吉他都選用桃花心木製的背板與側板，因其具有優美的木紋與溫潤的共鳴。

構樹
Broussonetia papyrifera

地方名：SAA（泰語）；TAPA CLOTH TREE（「樹皮布樹」）；
HIAPO（東加語）

構樹凌亂的外貌對某些人來說很礙眼，其強韌的生命力也令保育人士感到頭痛，因為有可能會妨礙其他植物生長。然而在東南亞與太平洋群島各地，構樹是一種非常珍貴的資源，主要用於造紙與製布。而從菲律賓與太平洋群島的雜種構樹上找到的基因足跡，則被當成證據，用來支持太平洋南島語族拓殖的單一起源假說——也就是所謂的「出台灣說」（Out of Taiwan）。

構樹在泰國稱為saa，與「五金行樹」（hardware store trees，包括麵包樹與波羅蜜，見第5章第201頁與第213頁）有親緣關係。構樹生長快速且外觀多有差異，高度可達15公尺（50英呎），樹枝不規則地向外延展，屬落葉喬木。[14]內樹皮的纖維堅硬又具彈性，大約8千年前在中國的珠江三角洲被當作是製布材料。傳統的作法是從活樹上剝下一條條內樹皮，然後疊在一起捶打，使其變軟變薄，再用顏料畫上具當地風格的裝飾設計。剝皮後的樹幹之後會用樹葉包覆作為保護，直到內樹皮像軟木一樣再生。在倫敦的邱園裡，其中一項收藏品就是這種樹皮布，製作者是某位邦蒂號（HMAT Bounty）^{譯註}叛變船員的妻子。[15]

早期中國文明得以向外傳播，一部分要歸功於造紙術的發明。造紙術大約源於公元前一百年，是以構樹的內樹皮作為原料，經敲打後加水混合製成紙漿，再攤平於紗網上直到變乾為止。[16]粗繩與繩索是航海探險與海釣的必需品，傳統上是以構樹的樹根製成。構樹的果實與葉子均可食用，而且都應用在民俗療法上。構樹因用途多而受到廣泛種植，加上能忍受污染而融入城市街景之中，不過如此重要的樹同時也因花粉多易造成過敏而遭人詬病。

譯註

邦蒂號是英國皇家海軍為執行植物學任務而購買的商船，在船長威廉‧布萊（William Bligh）的指揮下前往太平洋，目標是取得麵包果並送至西印度群島；後來發生叛變事件，以致任務最終並未達成。

石栗
Aleurites moluccana

地方名：INDIAN WALNUT（「印度胡桃」）；KEMIRI（馬來語）；VARNISH TREE（「漆樹」）；KUKUI（夏威夷語）

大約在1萬3千年前，當時的北歐仍籠罩於冰層之下，而印尼東部帝汶島（Timor）的居民則忙著採收石栗樹的堅果、樹葉與木材。石栗除了能提供照明、食物、藥材、染劑及墨水的所需材料，當地居民也會利用其木材建造獨木舟。從那時起，太平洋的傳統島嶼社群就已開始仰賴這種非凡之樹以維持生計。

或許是受過去的矮林作業^{譯註}所影響，經常可見石栗的樹幹多分歧。其高度可達30公尺（98英呎），具有寬廣的樹冠與茂密的枝葉。樹葉大片且葉背灰白，十分獨特，不是呈心形就是呈三趾形。白花成簇，外觀與接骨木花相似。開完花後會結綠色果實，大小就像大顆李子或小顆蘋果。果實內有淡黃色且表面多疙瘩的堅果，樣子猶如大顆榛果，油份含量極高。經烘烤壓碎後的堅果可加入醬汁中，與蔬菜、米飯一起烹煮。不過，全世界許多地方的石栗堅果或多或少都有毒，而且具有顯著的通便效果。也有人會將石栗堅果串在小樹枝上，作為方便又持久的火把。用堅果榨的油可用來照明、製作肥皂與保存木材，而榨油後的籽粕則可加工製成零食或作為肥料。[17]夏威夷的漁夫據說會將堅果油吐在水面上，藉以破壞表面張力，使他們能看見底下的魚。*[18]*石栗堅果油有時也會被用來當作生質柴油。石栗的內樹皮會產出一種紅色染劑，能用來為樹皮布上色（見構樹，第51頁）；其木材則能用來雕刻與製作獨木舟的零件。

太平洋島嶼居民在各種醫療應用上也十分仰賴石栗：堅果油用來作為瀉藥，樹皮用於治療傷口、痢疾和腫瘤，樹葉用於治療便秘，堅果則用來作為瀉藥，或是搗爛後作為敷劑治療頭痛和淋病。這類傳統作法儘管持續流傳於世，然而背後不一定有確實的科學證據加以支持。

大王椰子
Roystonea regia

地方名：CUBAN ROYAL PALM（「古巴大王椰子」）

一般人很容易輕忽具裝飾性質的樹，以為這些樹只能用來作為景觀設計師的素材；然而，當雄偉的大王椰子整齊排列於一條道路或一座廣場上，想必無人能懷疑其所帶來的美學震撼。高挺如柱的樹幹直直伸向蔚藍天際，華麗的羽狀複葉則彎曲向下，宛如隨風搖曳的船帆。大王椰子原產於加勒比海地區與佛羅里達州，就用途而言或許較屬於園藝或建築的世界，而非林業。而且嚴格來說，大王椰子是棕櫚，而棕櫚並不是樹。不過話雖如此，這些棕櫚在環境中扮演的角色其實就和樹一樣：襯托城市街景與建築，並且為大教堂高聳的拱頂提供設計靈感。大王椰子經常在山坡上站崗，或是為天、地與水之間的模糊空間增添光彩。

大王椰子原本生長於熱帶濕地的邊緣地帶，被帶入都市、城鎮或規整花園後，化身成旗杆、寺廟柱子，或是隊伍中整齊一致的軍人；換句話說，大王椰子在有秩序的空間裡發揮著自己的作用。在古巴，大王椰子除了在宗教文化上扮演重要角色外，同時也具備棕櫚所擁有的其他用途。在野外，幼樹的新鮮頂芽味美可食（然而摘取的同時也扼殺了這顆幼樹）。一棵大王椰子的葉片重量可達50磅（22公斤），若是從33公尺（100英呎）以上的高度脫落，勢必會導致經過的路人受重傷。儘管如此，這些葉片很適合作為蓋屋頂的材料，而葉柄則能用來製作家具。葉鞘纖維有可能應用於輕質複合材料的開發，以作為塑膠的替代品。大王椰子的樹幹雖然不是真的木頭，但同樣堅硬且具彈性，鋸成板條後能像硬木材一般運用在營造、碼頭防腐板樁與獨木舟建造上。[19]

不同於椰棗，成串垂掛於樹冠的大王椰子果實通常不能食用，但萃取出的椰油可當作動物飼料。其根部可作為利尿劑。另外，越來越多的科學研究顯示，從果實萃取出的脂質，對於男性隨年齡增長而產生的攝護腺腫大情形，具有抑制的效果。[20]不論從哪個角度來看，大王椰子都是一種有用的「樹」。

CHAPTER 2

龍血與耶穌會的樹皮：
染料、香精與藥材的原料

乳香　61

白柳　65

墨水樹　69

龍血樹　71

太平洋紅豆杉　75

檸檬與萊姆　77

金雞納樹　81

菩提樹　83

樟樹　85

檫樹　87

印度楝　89

沙棘　93

右圖

從龍血樹的樹幹撬下樹脂，地點在阿拉伯半島以南的索科特拉島（Socotra）。

在世界各地，科學研究正如火如荼地展開，以尋找出更多有效藥物，用來治療複雜疾病、取代那些目標病菌已產生抗藥性的藥物，或是代替傳統療法對抗棘手病例。在此同時，另一項平行運動也在順勢療法醫師、有機園藝師與綠籬野果獵人等擁護者的支持下進行。他們憑藉著民間智慧，將各種植物的萃取物製成藥物、補品、護膚產品、染劑與「天然」化妝品，而這些植物大多是樹。

本章所介紹的樹都有自己的故事，內容圍繞著傳統藥物與製程、殖民剝削行為，以及足以改變一生的奇妙發現。數千年來，針對瘧疾、癌症、壞血病、腸道寄生蟲，以及各種慢性與急性病症的治療，都曾取材於樹木，尤其是樹葉與樹皮。另外有一些樹木，像是具抗癌功能的太平洋紅豆杉，則是在最近數十年內才被人發現有其療效。許多樹的萃取物質含有抗菌、抗氧化、收斂與通便的特性，而在治療糖尿病等血糖疾病的應用上，越來越多樹種的種子油也開始發揮顯著功效。天然染劑的發現不僅令人驚奇，更促成了國家的興起與資源的獨占，甚至還有人因而動身去尋找傳說中的龍血。世界上有某些珍貴奇特的樹因過度開發而瀕臨滅絕；一直到合成化學染劑問世後，這些樹才終於得救，然後逐漸變得默默無聞。許多樹都會製造單寧，以作為抵抗昆蟲侵襲的一道天然防禦；而集中於樹葉和樹皮的單寧在傳統的皮革製程中，也扮演著屹立不搖的重要角色。樹木所產生的其他易揮發物質則用來作為天然的香精與驅蟲劑。

有些樹的名聲在扶搖直上後，隨著其長處被揭露為造假或過度樂觀，而又開始一路下滑；也有些樹總是化身為藥材，出現在我們的藥櫃裡。白色小藥丸「阿斯匹林」過去一度是以白柳樹皮提煉而成，但由於白柳樹皮的天然萃取物會產生有害的副作用，因此歷經了長時間的微調。另外有一、兩種樹可能會令讀者感到意外，因為它們顯然應歸類於此，最後卻沒有出現在本章當中。

銀杏（*Ginkgo biloba*）是世界上極為奇特古老的樹種，能生產出全球獲利最高的草藥；然而由於沒有任何科學證據能支持其效力，因此

沒有被納入本章。相反地，卑微的沙棘在過去曾是沿海社群賴以維生的樹種，幫助他們度過數個月的貧瘠冬日。不過在今日，多數人連沙棘長什麼樣子都不知道。

許多樹在他們周遭的社群裡扮演著關鍵角色，為當地居民帶來各式各樣的資產，包括樹蔭、木材、動物飼料與可食用果實。此外，由於這些樹也能用來治療幾乎任何一種病症，包括性傳染疾病和常見的感冒，因此更獲得了好名聲。民俗療法的效力有時能獲得科學佐證，有時則有待商榷。許多樹木所產出的物質在高劑量的情況下具有毒性，有些甚至會致命。為了探究大自然神奇的治癒能力與化學產物，以獲得全面的相關知識，勢必會有人在實驗的過程中付出代價，而這些為學習犧牲奉獻的人有些為人所知，有些則默默無名。

不過有一件事是肯定的，就是人類尚未發掘出自然界所有的化學與醫療寶藏；探尋之旅仍在進行，以確認是否還有哪些新事物就藏在顯眼之處。某些社群儘管非主流又不受關注，然而由於他們的生存與健康都有賴樹木供其所需，因此有可能掌握了不為外界所知的知識。這點也提醒著我們，傳統社會就和那些與他們共同生活的樹木一樣，擁有豐富的資源與絕佳的適應力。

芬芳馥郁的乳香
Boswellia sacra

地方名：OLIBANUM；LEVONA（希伯來語）；MOGAR（阿拉伯語）

左圖

在阿曼南部的佐法爾山（Dhofar Mountains），樹脂正從一棵乳香樹的樹皮傷口滲出。

下圖

鮮豔的黃菊相間花朵使乳香樹更顯突出。

最下方

乳香：象徵神的香氣。

根據聖經，來自東方的三賢士為剛出生的耶穌帶來了禮物；而每一位耶穌誕生劇的演員都知道，其中一項禮物就是充滿異國風情的乳香。這種芳香樹脂首次現身的文學作品就是《出埃及記》（*Book of Exodus*），燃燒後的香氣象徵著神的氣味。也有人認為乳香是薩滿巫師用來使自己進入恍惚的誘導劑，或是在宗教儀式上用來淨身的燻蒸劑。在源自公元前第2個千禧年的埃及壁畫上，可以發現乳香裝在袋子裡被運送的圖案。乳香可溶於酒精，而蒸餾製成的精油除了用於膏立儀式與芳香療法外，在中醫裡也用於治療糖尿病。乳香的英文名稱frankincense（franc在中世紀法文中意思是「純淨的」）代表的是一種品質保證，而這也暗示在水貨交易中存在著劣級或摻假的競爭商品。

13世紀時，中國作家趙汝適曾於著作中描述乳香的生產過程，並正確地指認出其位於非洲之角境內的起源地。[1]他提到乳香的取得方式，是用短斧在樹幹上鑿出凹痕，使乳香能流出來。接觸空氣後變硬結塊的乳香接著以大象載到海邊，再靠船運送到蘇門答臘島的一處貿易中心。

製造出這種神聖產物的是「阿拉伯乳香樹」（*Boswellia sacra*），或是其他親緣關係非常緊密的樹種。乳香樹是一種外表不起眼、個子矮小的落葉灌木，呈紙狀的樹皮會逐漸脫落，黃橘相間的花朵則美得令人驚艷。其生長地為索馬利亞及阿拉伯半島上的阿曼與葉門，其中索馬利亞為全球乳香最主要的生產國。乳香樹是大自然中的求生好手，能在貧瘠陡峭且往往乾旱之地生長，頑強依附著裸露的岩石，甚至可能得從沿海霧氣中收集水分。到目前為止，大多數收集到的乳香（每年有數千噸）都賣到天主教會或正教會作為焚香使用。在今日，乳香被認定為受威脅物種，除了遭到過度開發外，面對天牛的侵襲也無招架之力。對許多具歷史意義的宗教而言，乳香的地位神聖，值得被視為文化瑰寶與植物學珍奇物種予以保護。

右圖

蘇門答臘島上的乳香樹。

白色小藥丸 ： 白柳
Salix alba

地方名：CRICKET-BAT WILLOW（「板球拍柳」）

左圖

白柳的葉、花、細枝與葇荑花序，仿自古斯塔夫・亨普爾與卡爾・威廉，1889年。

下圖

白柳具彈性的莖可用於編籃，而修剪去梢的樹種常見於低地河流與堤防旁排列成行，並且會有人定期採收細枝——也就是柳條。用白柳製成的木炭具有細密的紋理，用於製作火藥和繪圖鉛筆。

次頁

日出時的去梢白柳，位於德國的下薩克森（Lower Saxony）。

1763年6月2日，牛津郡（Oxfordshire）查爾頓在奧特穆爾民政教區（Charlton-on-Otmoor）的艾德華・史東神父（Rev. Edward Stone）寫了一封公開信給倫敦皇家學會（Royal Society）。開頭是這麼說的：

> 在當代許多有用的發現之中，幾乎沒有什麼比這個更值得大眾矚目……我從個人經驗中發現，在英格蘭有一種樹的樹根是強力的收斂劑，對於治療極其痛苦的間歇性疾病非常有效。[2]

由此看來，史東似乎飽受瘧疾（見金雞納樹，第81頁）所苦。而在發現食用少量的白柳樹皮能緩和症狀後，他嘗試乾燥、研磨與儲藏白柳樹皮，並且拿自己做實驗，記錄下不同劑量的效力。在得到令人滿意的結果後，他讓50名教區居民試用，這些人都曾表示自己得了寒熱症（ague）或發燒，結果非常成功。史東重新發現了水楊酸的作用，儘管老普林尼（Pliny）與希波克拉底（Hippocrates）在內的古人都知道此一物質，但一千多年來，醫學界似乎不太予以重視。史東的樹皮萃取物會帶來令人不適的副作用，例如胃痛甚至出血，也因此尋找出更良性萃取物的工作持續進行。一直到1897年，德國染劑製造商拜耳（Bayer）才成功合成出水楊酸，並以「阿斯匹林」作為名稱販售。

史東所使用的樹皮來自白柳，是楊柳科（*Salicaceae*）的成員之一，原本生長於歐洲與東亞。白柳高大且向外延展（高度可達30公尺／98英呎），彎曲的主枝獨具特色，細長的尖葉如瀑布般垂下，葉背呈泛白淺綠色。樹皮裂痕明顯，木材輕盈、強韌又具彈性，以作為板球拍的材料著稱。阿斯匹林中的有效成分是一種植物激素，會促進植物發根與成長——如同大多數柳樹，白柳的「生根」能力強，只要從白柳樹枝上取下一根綠色嫩枝或柳條，扦插種植於土壤中，就能長成一棵新的樹；也因為如此，白柳非常容易繁殖。

F. Guimpel

Haematoxylon campechianum.

海盜與國家 ： 墨水樹
Haematoxylum campechianum

地方名：CAMPECHE；BLOODWOOD（「血木」）；JAMAICA
WOOD（「牙買加木」）

很少有樹能被稱作是促成整個國家誕生的推手。前身是英屬宏都拉斯（British Honduras）的貝里斯（Belize）是早期中美洲的殖民地。從大約1638年開始，原為馬雅帝國一部分的貝里斯遭蠻橫搶奪後，當地的森林部落陸續被移民與海盜所取代，而這些人後來被稱為「貝里斯海灣人」（Baymen）。兩個世紀以來，這些移民為控制及大規模出口墨水樹而開發當地。矮小的墨水樹屬豆科植物，其心材含有紫紅色或深黑色的鮮豔色素，能用於布料和紙類上。由於這種染料在17與18世紀極其珍貴，以致其收入支撐了這個由海盜所占領的殖民地，而英國與西班牙艦隊之間持續不斷的戰爭更因此加劇。大量的非洲與加勒比海奴隸被帶到宏都拉斯，在伐木與剝樹皮的據點工作，於是一段暴力、疾病、虐待及營養不良的歷史隨之展開。自1862年起，這個以伐木據點作為重心的地區晉升為直轄殖民地（Crown Colony），並於1981年獨立成為貝里斯共和國（至今與鄰國瓜地馬拉之間的領土爭議仍未解決）。而該國的國旗就是以墨水樹及站於兩側的黑白伐木工人作為代表圖案。

墨水樹高度為9至13公尺（29至42英呎），具圓豆狀樹葉和黃色花朵（豆科植物的特徵），樹冠呈散形，樹幹具深縱溝紋，看起來就像是教堂裡的圓柱。墨水樹生長在河流與潟湖附近的低地，因而便於沿著當地河流運送至沿岸港口準備海運。在17世紀，一趟橫渡大西洋的貨運能為商人帶來每噸100英鎊的獲利；而即使在1850年代合成染劑問世後，其木材仍大量出口。墨水樹遭砍伐時會立刻開始分泌未加工的蘇木精（haematoxylin），而其原木會以削成木屑加壓煮沸的方式，使其釋放出精油和可溶於水的樹脂。[3]天然蘇木精曾一度被用來作為檢測酸鹼度的石蕊試劑，如今亦仍被運用在組織學研究中作為染色劑。貝里斯擁有豐富的生物多樣性，森林覆蓋率達60%，是公認的世界自然遺產，也是中美洲生物廊道（Mesoamerican Biological Corridor）的一部分。

龍血樹——是傳說還是真有其物？

Dracaena cinnabari

地方名：SOCOTRA DRAGON TREE（「索科特拉龍樹」）；
A'ARHIYIB（阿拉伯語）

買家注意了：並非所有的龍血都是你想的那個樣子。2千多年來，作家、探險家和科學家紛紛對一種稱為「印度朱砂」（硫化汞）的深紅色樹脂，提出與其起源與杜撰特性有關的種種揣測。據說，這種樹脂是在某個遙遠神秘的島嶼上找到的。

1835年，東印度公司的詹姆斯‧雷蒙‧韋爾斯泰德中尉（Lieutenant J. R. Wellstead）某次描述了在印度洋索科特拉島上找到的奇特樹木，表示島上居民總是小心翼翼地從這種樹上萃取龍血。從地質學的角度來看，索科特拉島在歷史上大多時間都是孤立島嶼；島上有25種當地特有的樹木，在別的地方幾乎找不到，包括世界上唯一的黃瓜樹（*Dendrosicyos socotranus*），以及看起來就像一袋馬鈴薯的巨大沙玫（*Adenium socotranum*）。真正的龍血樹生長在索科特拉島的半沙漠山坡上，外觀就像一顆雄偉卻又詭異的巨大蘑菇或被吹翻的雨傘。其樹幹從大約4公尺（13英呎）的高度開始向外分枝，形成主枝伸向天空的上翹樹冠；樹葉則呈披針形，只長在新枝的末梢。當受到損傷時，樹皮會滲出著名的紅色龍血——一種具保護作用的樹脂，能像乳膠一般以刻痕的方式汲取。龍血樹在其原生島嶼上受到妥善的保護，並以永續的方式進行採收。

當硬化成大小方便運送的團塊後，龍血樹的樹脂可被應用於醫學上，作為萬靈藥、興奮劑、墮胎藥及肌肉鬆弛劑。其他的實務應用包括染劑、黏著劑、陶器的釉料、小提琴的亮光漆，以及儀式典禮上的焚香。科學家已從龍血樹樹脂中分離出大量的合成物，其中某些可能具有治療癌症的功效。[4]另外也有一些具親緣關係的樹種會分泌化學性質類似的樹脂，例如加那利群島的德拉科龍血樹（*Dracaena draco*）以及亞馬遜龍血樹（*Croton lechleri*）——順帶一提，前者中空的樹幹很適合作為蜂巢。除了龍血樹的樹脂外，數種包含珊瑚粉在內的類似彩粉，也經常以龍血的名義販售；不過，顯然沒有任何一種龍血是從活生生的噴火飛龍身上取得。

黑暗與光明：太平洋紅豆杉
Taxus brevifolia

地方名：YOL-KO（西北邁杜第一民族）

1962年，美國國家癌症研究所（National Cancer Institute）的研究計畫是收集原生樹種的樹皮，特別是那些因具有藥物特性而為原住民部落所知的樹。結果從太平洋紅豆杉上，取得了名為「紫杉醇」（taxol）的有毒化學物質。太平洋紅豆杉原產於美國西岸的廣大溫帶沿海森林，範圍從加州延伸至英屬哥倫比亞。紫杉醇能用於生產汰癌勝注射液（paclitaxel）與剋癌易注射液（docetaxel），以抑制癌細胞的繁殖，特別是針對乳癌與卵巢癌。原住民部落長久以來都利用太平洋紅豆杉的細小樹葉處理傷口、準備收斂浴與製作藥用泡劑。他們也會運用這種樹堅硬且高密度的心材製作狩獵用的弓、盒子、用具、獨木舟與釣魚設備。[5]然而，如同其位於歐洲的同類「歐洲紅豆杉」（*T. baccata*，這種樹幾乎所有部位都含劇毒），太平洋紅豆杉雖然長壽，但相對來說較嬌小且生長緩慢。治療一位病患得採收數棵樹的樹皮，導致製藥公司與環保推廣人士之間產生了緊張衝突；而合成上述的兩種抗癌藥物則使紅豆杉與它的救命產品得以共存。如今，紫杉醇在腫瘤學家的軍火庫裡已成為公認的主力武器。

紅豆杉本身就是一種非凡絕倫的植物。這種多莖的大型結毬果灌木具有纖細且蠟色的針狀常綠樹葉，而且可活至2千年以上。由於它們並不總是會產生年輪，加上無論如何只要成熟就會從內開始腐爛變成中空，因此要確定種植時間可說是出了名的困難。到目前為止，大多數的古老紅豆杉都生長在不列顛群島的教會墓地上，原因為何無人清楚。深綠色且全年存在的葉片象徵著永生與更新，而包覆在堅硬種子外的血紅色肉質狀假種皮（奇怪的是竟然可以食用）則象徵犧牲；這兩種聯想使紅豆杉不論對異教徒或基督徒而言，都是一種受崇敬的樹木。歐洲紅豆杉以作為長弓的製作材料而著稱，由於結合了深色心材與淺色邊材的特性，使其同時兼具驚人的彈性及抗張強度。

Arlington Heights Fruit Co.
Riverside
Riverside Co. Cal.

E. I. Schutt
Jan 3 - 07
11 - '08.

檸檬與萊姆
Citrus medica; Citrus spp.

地方名：CITRUS（「柑橘類」，拉丁語）；TURUN；LIMU（波斯語）；ETROG（希伯來語）

人類與他們的靈長類親戚、大多數蝙蝠、天竺鼠及某些雀科成員都有同一種古怪的基因缺陷：不同於其他動物，我們已失去了合成維生素C的能力，而維生素C又是維持健康的基本要件。壞血病是由飲食中缺乏抗壞血酸所致，會導致疲倦、牙齦退縮及舊傷口再度裂開。數世紀以來，這種疾病可說是水手的災難，因為他們在海上無法攝取足夠的新鮮蔬果。也因為這樣，美國人稱英國水手為Limey（從萊姆的英文lime衍生而來），因為他們喝蘭姆酒時會混入萊姆汁——自1796年起成為英國海軍強制執行的作法。

1747年，蘇格蘭醫生詹姆斯・林德（James Lind）針對水手進行了一項絕妙的海上實驗，成為了證實壞血病與維生素C之間有所關聯的第一人——儘管他本人對實驗結果感到困惑（不論是酒精或18世紀用於保存萊姆汁的蒸餾程序，都會對維生素C造成破壞）。令人意外的是，檸檬也不是維生素最豐富的來源（見沙棘，第93頁；玫瑰果的效力高了55倍；黑加侖則是高了5倍以上）。然而，檸檬與萊姆（兩者就和柳橙一樣是栽種時間長的雜交種，而其久遠的祖先原本生長於印度次大陸）長久以來被當作是萬靈藥，用來治療各種病痛，包括心臟疾病和一般感冒。在烹飪的領域裡，它們被用來平衡甜味與苦味。檸檬與萊姆的葉片可當作是增添香味所用；果皮經刨成絲後可用於甜品與鹹食中；果皮內的可溶果膠能作為有機的增稠劑，而油份經萃取後可用於調製香水。

柑橘類樹種皆屬小型樹木或大型灌木，擁有具光澤的深綠色橢圓形葉片，在世界各地有無數種變化，並因其水果或香味裝飾而受到重視。1907年，挪威細菌學家阿克塞爾・霍爾提斯（Axel Holst）與西奧多・諾普利（Theodor Frølich）證實了檸檬中的抗壞血化學物質可溶於水。到了1932年，匈牙利生化學家艾伯特・聖捷爾吉（Albert Szent-Györgyi）則成功從紅椒中分離出維生素C。英國化學家諾曼・霍沃斯（Norman Haworth）於1934年證實了維生素C的化學結構，而在同一個十年內，維生素C則首次以工業合成的方式製造。1937年，霍沃斯與聖捷爾吉分別獲得了諾貝爾化學與醫學獎。

D.Blair F.L.S. ad sicc. del. et lith.

CINCHONA OFFICINALIS, *Linn.*

Hanhart imp.

1

2

3 4 5

耶穌會的樹皮 ： 金雞納樹
Cinchona officinalis; C. calisaya

地方名：QUINA；CASCARILLA（「西印度苦香樹」）；
CARGUA

英國王政復辟時期（Restoration England）的醫生對名字聽起來很天主教的「耶穌會樹皮」（Jesuit's bark，金雞納樹的別稱）態度謹慎，不敢輕易用來治療他們的新教徒病患。這樣的反應不無道理。然而，藥劑師羅伯特·塔博爾（Robert Tabor）不僅精明地利用這種原料，調製出自己的專利藥物「神奇秘方」（Wonderful secret），還成功治癒查理二世（Charles II）看似因瘧疾而引起的發燒症狀，因而受封為爵士。他接著又開藥給法國的路易十四（Louis XIV）與西班牙皇后瑪麗亞·路易莎（Maria Luisa），也獲得了類似成效。[6]

金雞納樹原產於安地斯山脈的森林，由於其樹皮已知對人類的瘧疾與綿羊的搔癢症有療效，因此連同數個亞種引起了早期歐洲探險家的關注。儘管金雞納樹最初被引進舊世界的相關記述各有差異，但都追溯到久遠的17世紀早期。當時，耶穌會教士注意到南美洲的原住民克丘亞人（Quechua）會利用這種樹的樹皮來退燒。諷刺的是，在西班牙征服者入侵前，美洲並沒有瘧疾。奎寧（quinine）是從金雞納樹皮粉末中萃取出的生物鹼，針對家蚊與瘧蚊叮咬所引起的熱病，療效十分顯著。而對全球人類而言，家蚊與瘧蚊或許是最大的感染病威脅了。奎寧也是一種預防藥，曾一度廣泛地開給即將前往受感染地區的旅客；此外，作為肌肉鬆弛劑的效力也很強大。由於奎寧具有苦味，因此奎寧水經常會加入琴酒與檸檬，使其變得更容易入口；於是從此以後，奎寧水便演變成為調酒常用的「通寧水」了。

金雞納樹藉由原生樹種的種子與插穗在熱帶地區廣泛種植。樹皮從駢幹生長的金雞納樹樹幹與主枝上取得，或是透過部分削去樹幹兩側（同時避免傷及底下形成層）的方式採集。儘管奎寧的人工合成藥物在20世紀已問世，加上瘧原蟲對奎寧的抵抗力也已增加，然而奎寧仍舊是一項重要的產物與科學研究題材。金雞納樹的大小一般，外觀也不起眼，但卻是數種蝴蝶與蛾的食物來源。祕魯國徽也採用了金雞納樹的圖案。純正的原生金雞納樹生長在海拔2千9百公尺（9千5百英呎），如今受到森林砍伐的影響，以及原住民對其價值與文化歷史的意識逐漸低落，而面臨危機。[7]

菩提樹
Ficus religiosa

地方名：PIPPALA（梵語）；SACRED FIG（「神聖無花果樹」）；ARASA MARAM（坦米爾語）

在佛教聖典中，據說悉達多（Siddhartha）經過了49天的冥想後，在印度菩提迦耶（Bodh Gaya）的一棵菩提樹下獲得了啟示。儘管菩提樹表現出如此平和的靈性，但諷刺的是，這種樹其實極具侵略性，最初生長時經常以附生植物的形式，在其他樹木彎曲的樹枝上萌芽，然後將氣根向下送至地面，最終絞殺其宿主。菩提樹在許多地方都被視為是一種有害的入侵植物，而就像其他的無花果樹一般，其繁殖週期必須靠榕小蜂鑽入隱花果內授粉並犧牲自己，才得以完成。然而，那些據說活了1千5百年以上的古老菩提樹種，不僅受佛教徒敬重，也受印度教徒崇拜，在各地廣泛種植。

菩提樹的神聖地位最初有可能是源自其醫療價值。許多熱帶樹木據稱都能治療各種病痛，包括頭痛、失明與蛇咬。而就菩提樹的例子而言，許多的醫療應用背後似乎都有科學依據。[8] 從樹葉萃取而來的泡劑與油具有廣效的抗菌特性，用於作為局部傷口治療藥物。樹皮提煉物除了經證實對消滅某些腸道寄生蟲百分之百有效外，也可作為免疫刺激劑。果實與樹皮都具有抗氧化的效果，對於治療糖尿病與動脈硬化十分管用。而果實的其中一種萃取物也可作為抗痙攣藥。總結來說，菩提樹就是一個強大且驚人的藥材百寶箱。

菩提樹原產於印度，範圍向北可達喜馬拉雅山脈，向南與向東則分別延伸至中國南部與泰國，高度最終有可能長到30公尺（98英呎）以上。心形樹葉呈明亮的淡綠色，果實比一般的無花果（見第117頁）要來得小，而且不怎麼好吃。菩提樹常見栽種於寺廟建築附近，極其修長的主枝構成了遮蔽力佳的寬廣樹冠。樹皮中的單寧可用於皮革鞣製，而樹皮纖維則可加工製成紙類。輕盈且柔軟的木材能作為燃料，也能製成包裝用木箱與火柴棒。

Laurineae.

Cinnamomum Camphora F. Nees et Eberm.

按摩膏與火藥的氣味：樟樹
Cinnamomum camphora

地方名：CAMPHOR LAUREL（「樟腦月桂樹」）；KUSUNOKI（「楠木」）

左圖

樟樹的葉、花、細枝與種子：仿自沃爾瑟‧穆勒（Walther Müller）的彩色平版印刷，約1887年。

下圖

樟樹：其精油數千年來被應用於醫療。

雄偉的樟樹原產於日本。許多關於樟樹有多長壽的說法都很誇大，不過某些種類的樟樹確實很壯觀，某些則具有強大的韌性，這些都無庸置疑。生長於長崎山王神社的樟樹不僅受人尊崇，同時也是長崎的官方象徵，代表著這座城市在1945年8月9日核彈轟炸後的重生與崛起。歷史最悠久的樟樹據說位於九州武雄市的川越，高度達25公尺（82英呎），年齡約3千歲。[9]

樟樹的自然分布區範圍從中國東南部延伸至日本。橫跨該地區，樟樹的木材、細枝與樹葉皆依循傳統作法蒸餾處理，使其釋放出精油。而這種精油就像含有薄荷醇的按摩膏一般，味道令人難忘。樟木蒸餾後產生的白色結晶就是樟腦，裡面富含易揮發的烯。樟腦的生產在19世紀和20世紀初成為了一種主要的產業，不僅能應用在醫療（作為局部麻醉劑與減充血劑），也可代替防蟲丸作為驅蟲所用，以及用來製造無煙火藥和賽璐珞（celluloid）軟片。到了20世紀初，樟腦已成為一種極為貴重的進口商品，從東南亞輸出到西方世界，每磅大約值50分錢；[10]而產業壟斷所引發的擔憂，最終也促成了化學合成樟腦於1930年代問世。化學合成的樟腦是以松脂油作為原料，而松脂油則是以蒸餾法從松樹樹脂提煉而來。

在古埃及，樟腦油被應用在屍體的防腐處理上；而在中世紀的阿拉伯文化中，樟腦油則是一種香精與調味料。不過，儘管樟腦現今在印度飲食中有時仍用於調味，但這種做法有其爭議，因為高劑量的樟腦具有毒性。

樟樹的樹葉常綠，表面光亮就像是上了一層蠟，旁邊以小而圓的滑亮黑色果實作為點綴。基於美觀，樟樹被當作是觀賞植物而廣泛種植；而隨著樟樹傳入其自然分布區以外的地區，傳播速度也跟著大幅提升。在澳洲與美國，樟樹被視為是一大有害入侵種，除了與尤加利樹競爭外，還會釋放出一種妨礙生長的物質（毒他作用），有效地壓制地表植物。

SASSAFRAS

½ NATURAL SIZE

檫樹的興起與衰落
Sassafras albidum

地方名：WHITE SASSAFRAS（「白檫樹」）；RED
SASSAFRAS（「紅檫樹」）；KOMBU（巧克陶語）；
WINAUK；PAUANE（蒂穆誇語）

早期的歐洲移民在探索美洲大西洋沿岸的珍奇植物時，很快便因為檫樹遭人誤信的多項優點，加上其散發出獨特柑橘香草味的枝葉、代表秋天的燦爛顏色，以及形狀像已絕種巨型動物腳印的樹葉，而對這種樹欣然張開雙臂。1571年，西班牙植物學家尼古拉斯·蒙納德斯（Nicolás Monardes）也在他的著作《從新世界捎來的喜訊》（*Joyful News out of the Newe Founde Worlde*）中，記述了檫樹在原住民部落中的許多醫療用途。檫樹的樹根與樹皮可說是藥劑師的夢幻藥材。1602年，由於傳聞檫樹對梅毒具有療效，於是沃爾特·雷利爵士（Sir Walter Raleigh）將其引進英國市場，成為繼菸草之後殖民地出口的第二大宗商品。4個世紀後，科學界的看法為檫樹貼上了大大的「警告」標籤。[11]

北美檫樹是一種落葉喬木，高度可達25公尺（80英呎）。顏色像藍莓的深色果實經鳥類啄食傳播，不過除此之外，檫樹也能利用根蘖行無性繁殖，在潮濕的土壤中迅速擴張範圍。檫樹木材曾一度用來造船與製作家具；由於富含天然油脂，因此也很適合作為引火柴。樹根、樹皮和樹葉在原住民文化中以幾乎能治百病（包括肥胖與淋病）而著稱。細枝能用來作為牙刷、牙科麻醉藥與消毒藥。樹根的味道就像啤酒，過去用於製作泡劑，如今仍是一種受歡迎的飲品。在密西西比河三角洲的肯瓊（Cajun）飲食文化中，碾碎的檫樹樹葉是一種基本的調味與增稠食材，特別是用在什錦醬（gumbo sauce）的製作上。各種糖漿、香甜酒與通寧水都曾一度添加檫樹油，但許多讚譽之詞都過於誇大，後來這種飲料調味逐漸變得不受歡迎。

檫樹樹根所產生的精油獲得了科學界的關注，進而促成了樟腦、丁香油酚與細辛醚的離析。而檫樹精油中的主要成分「黃樟素」（safrole）在經過仔細研究後，發現在實驗室老鼠身上使用高劑量會有致癌效果。近年來，黃樟素被應用於派對藥物搖頭丸的合成，引發了廣大民眾的關注與擔憂，其萃取也因此受到了嚴格的限制。

即便在科學領域，潮流依舊是變化無常。迷人又複雜的檫樹或許也會有重拾聲譽的一天。

印度楝
Azadirachta indica

地方名：INDIAN LILAC（「印度紫丁香」）；NIMTREE；
MKILIFI（史瓦希利語）；THE VILLAGE PHARMACY（「村莊
藥局」，印度）

印度楝不論是在其歸化地非洲，或是在其原產地印度，都是一種非
常有用的樹，以致放在本書的任一章節中作介紹都很適合。其樹
葉、花朵、種子、木材樹脂與樹皮都極具價值且應用廣泛，很難
想像傳統當地社群少了這種樹要如何生活。在阿育吠陀醫學與佛教
禁慾修行中，印度楝的修護與治癒特性不僅占有關鍵地位，也為其
帶來了文化與生物學上的重要意義。或許沒有人會感到意外，不過
印度楝在宗教慶典中角色也十分吃重。這種樹據說是許多神祇的居
所，在印度河谷（Indus Valley）的早期藝術中亦有相關描繪。[12]

印度楝是常綠喬木，與柳樹相似的羽狀樹葉只會在乾旱期間掉落，
以減少水分流失。印度楝生長快速且高大，可長到40公尺（130英
呎）的高度，因遮蔭效果佳而廣泛種植於路邊和花園中。印度楝會
在同一棵樹上長出芳香的淡黃色雄性與兩性花，以及橄欖狀的紫色
果實（核果）。樹葉經乾燥處理後，能作為保護衣物與乾米的殺蟲
劑，或是用來泡茶。花朵和嫩枝都能食用，能添加於各式菜餚當中

左圖

在最為繁茂之時，印度棟的樹冠就像
是某種幾何圖形的拼圖，令人眼花撩
亂。

右圖

許多神祇的居所及遮蔭的提供者。

以調味。

印度棟的種子油也是一種有效的驅蟲藥，據說能降低血糖，或作為
血液排毒劑，然而大量攝取有可能會致命。種子油內含有抗菌的抗
阻胺物，以種子壓榨而成的籽粕則是一種有用的肥料。其它更廣泛
的種子油應用還包括製造肥皂和具有藥性的洗髮精，以及部分乳化
時可作為潤滑油。其樹皮除了含有單寧可用於皮革鞣製外，也能生
產粗纖維。樹皮所分泌的樹脂可用於製膠，細枝則很適合用來製作
牙刷。梳子經常是以印度棟的木材製成，據說針對頭皮問題有很好
的舒緩效果。其木材不僅能抗白蟻，也很容易雕刻。印度棟的好名
聲果然是名符其實。

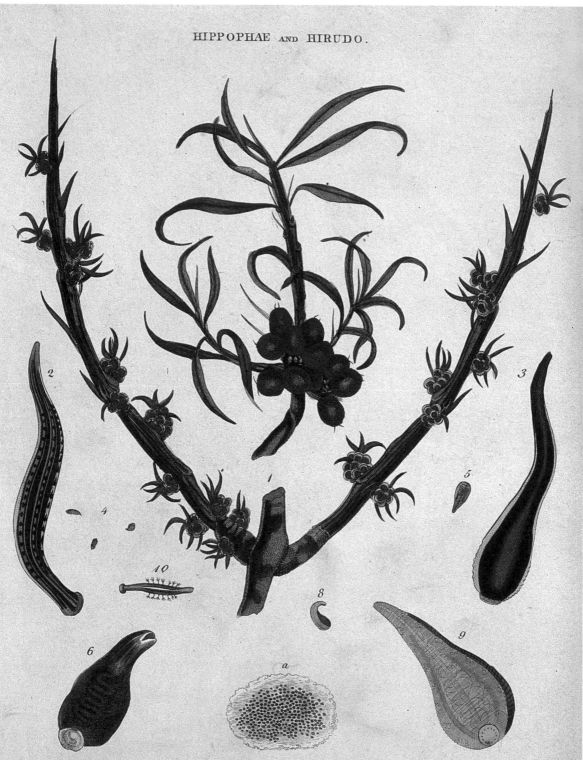

1. Male and Female Branches of the Hippophae rhamnoides or Sea Buckthorn.
2. to 10. different Species of the Hirudo or Leech.

London, Published as the act directs, March 30 1811.

J.Pass f.

沙棘
Hippophae rhamnoides

地方名：SANDTHORN（「沙棘」）；SEABERRY（「海莓」）；SALLOWTHORN（「灰刺」）

左圖

沙棘的細枝、樹葉與漿果（伴隨在側的是十種不同的水蛭），J．帕斯（J. Pass）的彩色蝕刻版畫，約1811年。

下圖

沙棘的橘色漿果是漫長冬季裡重要的維生素C來源。

沙棘具有醒目的橘色漿果與細長的橄欖綠樹葉，在歐洲北海與太平洋沿岸暗淡的黃色沙丘中格外顯眼。在歐洲中部與亞州，都能看到這種樹在許多河流的沿岸生長。對最早的狩獵採集者與傳統的捕魚社群而言，沙棘在陰鬱的冬季月份中是營養且賴以維生的食物來源。在邁入寒冷季節的第一次結霜後，酸味強烈的小漿果會開始成熟，味道也會變甜。沙棘果實不僅產量充裕，更是大自然中最豐沛的維生素C來源，含量是等量柳橙或檸檬的10倍（見第77頁）。倘若在大航海時代，世界各地的船員曾注意到這種果實的傳統功用，或許早在德國酸菜或萊姆汁老是被用來餵食水手之前，他們就會知道要攜帶足夠的沙棘果實到船上，以預防壞血病的發生。沙棘學名的組成部分hippo在拉丁文中意思是「馬」，而正如其名所示，沙棘漿果也被用來治療馬匹的各種相關疾病，以改善馬匹的健康狀況。

如同熱帶地區的豆科灌木，沙棘常見生長於乾燥、高鹽分、高海拔或缺乏礦物質的土壤中，在幾乎沒有其他樹木的地方苗壯成長，同時使其依附的土地變得穩定肥沃。在這些陽光充足、強風吹襲的地方，沙棘的高度幾乎達不到6公尺（20英呎），而是集中生長成一團團密集且無法穿透的樹叢。沙棘屬雌雄異株，也就是雄花與雌花各自長在雄樹與雌樹上，並且由雌樹在秋天結果。樹幹上的尖刺能保護沙棘，使放牧的動物無法接近；至於種子的傳播及萌芽，則有賴於海岸鳥類（特別是鶇鳥）的協助。經常有人栽種沙棘以穩定土壤，或是作為樹籬與防風遮蔽物所用。其樹液和樹皮能用來製造一種深棕色或黑色的染料。

雖然沙棘果實生吃時酸味非常強烈，但很適合製成果醬、果汁與沙拉醬。除了抗壞血酸外，這種漿果也富含維生素A、B1、B2與數種礦物質，[13] 具有抗氧化與抗菌的特性，而其萃取油還能用來製作化妝品。科學家對沙棘越來越感興趣，因其可能具有抗癌功效；而就和其他地區一樣，亞洲的傳統醫學也很重視沙棘的藥用價值。

沙丘上的沙棘，地點在英格蘭蘭開夏（Lancashire）海岸的塞夫頓（Sefton）附近。

CHAPTER 3

從蘋果到胡桃：
水果與堅果的生產者

蘋果　101

鱗皮山核桃　105

巴西栗　107

開心果　109

梨　111

山竹　113

太平洋栗　115

無花果　117

芒果　121

歐洲甜櫻桃　123

桃　127

密花澳洲檀香　131

胡桃　133

野果的採集、篩選與栽培已有數千年歷史，而猶太教與基督教的創世故事，也是以伊甸園裡的一棵果樹作為起點。水果與堅果（在植物學上可能是果實或種子）是世界上最具商業價值的作物。它們依季節提供糖分、纖維與蛋白質，為溫帶地區的人類與動物供給各種基本所需的礦物質，也為熱帶地區帶來全年的豐厚物產。大多數的現代水果與其野生祖先幾乎沒有相似之處，園藝師以卓越技術和用心付出巧妙培育出的成果；不論有心或無意，透過這些水果，園藝師也能從中發掘出大自然最珍貴的遺傳秘密。

以水果與堅果樹來說，與生俱來的機制使它們隔著距離也能傳宗接代。貢獻營養果實是樹木吸引鳥類與動物的手段。果實被牠們從樹上帶走後，就有機會萌芽、安置他處與獲得肥料。這不是什麼策略，只是一種演化奇蹟（或是神賜予的禮物，如果你情願這麼想）。大多數的樹都會長出某種類型的果實：可可或羅望子的豆莢都是果實，榛果、橡實和櫻桃也是——皆為雌花成熟的子房。某些果實裡面只有單一種子，例如芒果；其他的（例如豆科植物）莢果內則含多顆種子。

大多數的人認為水果就是有果肉的果實，例如蘋果、柳橙、梨子和桃子，而堅果則是堅硬的種仁；然而就樹木而論，它們都是一樣的。用來區分兩者的特徵是水果樹與同類之間的距離可能較遠：它們通常不像櫟樹、山毛櫸和榛樹那樣會聚集在一處生長，不過還是有許多例外。另一個辨別的方法是以傳宗接代的形式作為依據：堅果樹通常會像父母那樣繁衍後代，水果樹則需要授粉媒介。此外，由於後者傾向在繁衍時基因重組，因此必須以嫁接的方式，才能複製那些最令人滿意的種類（但某些樹種較難嫁接）。某些樹能自花授粉，因此不需要任何授粉媒介，例如桃子與酸櫻桃。這些樹當中最奇異的（或至少可說是最獨特的）一定就是山竹了。山竹的結果難度高，加上對氣候的要求多，因此非常稀有。其他某些對環境很挑剔的樹則演變成蔚為風潮（如果不說是令人癡迷）的栽培植物，

上圖

經採收的桃子逐漸成熟，地點在土耳其中部的卡帕多奇亞（Cappadocia）。

常見於17和18世紀歐洲上流份子的圍牆花園與溫室裡。相較於其他自然產物，飽滿的果實帶有一種獨特的美感。

有些樹或許很適合放在本章介紹，但最後卻列於他處，原因可能是它們具有卓越的藥材或木材特性。此外，除了數種果園常見的樹以外，某些不怎麼為人所知的樹也涵蓋於本章之中，包括一種深受澳洲鴝鵲喜愛的樹。每一種樹都有自己的故事。

在本章中，數種知名且廣泛種植的樹幸運地受到了傑出植物插畫家的關注，包括黛博拉‧格里斯康‧帕斯莫（Deborah Griscom Passmore，1840年至1911年）、亞曼達‧阿爾米拉‧牛頓（Amanda Almira Newton，1860年至1943年）與羅耶‧查爾斯‧斯特德曼（Royal Charles Steadman，1875年至1964年）。諷刺的是，由於荒謬的假道學導致許多女性藝術家無法在具象藝術上獲得商業成就，加上講究教養的社會風氣決定女性作畫題材必須「合宜」，我們才得以有幸欣賞到這些女性植物畫家為世人留下的傑出畫作。她們不僅觀察敏銳，對色彩的鑑識與運用也令人驚嘆，作品展示於任何藝廊都會引人注目。

蘋果
Malus domestica; M. sieversii

地方名：POMMIER（法語）；ALMA（哈薩克語）；MALUS（拉丁語）

左圖

歐洲野蘋果的花、葉、果實、種子與小樹枝，仿自古斯塔夫・亨普爾與卡爾・威廉，1889年。

次頁

哈薩克山區開花的野蘋果樹。

如果伊甸園真的存在，那麼一定是座落在亞洲中部山區，也就是蘋果、桃子與扁桃的原產地。如果蘋果真的是分辨善惡樹上的果實，那麼人類的原罪或許就是偷走了篩選、嫁接與培育果樹的秘密——這一項偉大事蹟普遍歸功於亞歷山大大帝（公元前356年至323年）的軍隊。

蘋果有超過7千5百個品種，且幾乎全都源自同一個野生祖先：新疆野蘋果（*M. sieversii*）。哈薩克過去的首都阿拉木圖（Almaty）也以這種曾經盛產且多樣化的水果命名。野蘋果個個與眾不同，因為是以異交的方式繁殖而成——父母的基因會隨機排列在後代的染色體上。換句話說，一顆剛結出的蘋果有可能酸澀難吃，表皮像皮革一樣厚，也可能是香甜可口的新變種。只有嫁接才能確保經人挑選出的優良特質得以複製下來。大多數的蘋果繁殖是將接穗嫁接到某種耐寒近親的砧木上，而這位近親就是原產於英國的歐洲野蘋果（*M. sylvestris*）。

蘋果樹是小型的落葉樹木，常見於果園之中，藉由定期修剪以美化外形與方便採收，高度通常不超過5公尺（17英呎）。蘋果樹的花是靠昆蟲授粉，其中又以紅梅森蜂作為主要傳播媒介。蘋果一年一次的採收期落在秋天或冬天，且容易受晚霜侵襲而凍傷。全球蜂群數量衰減，加上現代對抗蟲能力、果實尺寸統一及果皮光滑無瑕的要求，都與較舊蘋果種類的多變特性不符，導致後者不受重視；而上述這兩種現象都對已知培育品種的豐富多樣性造成了威脅。

蘋果一般被歸類為甜點或食材，不過也有特定品種的栽培目的是為了發酵製成蘋果酒。蘋果除了富含維生素C、糖分與碳水化合物外，也含有某些稀有礦物質。它們可存放至冬天，經乾燥後也能保留多數營養物質，因此在歷史上以作為行軍攜帶糧食著稱。蘋果樹的紋理細密且能自我潤滑，雖然不是為了生產木材而種植，但是當木材容易取得時，也會用於製作傳動裝置的輪軸與齒狀零件。蘋果木經燃燒後，會釋放出一種甜甜的濃郁香氣。

鱗皮山核桃
Carya ovata

地方名：PAWCOHICCORA；KISKITOMAS（阿爾岡昆語）；
POHICKORY

左圖

鱗皮山核桃在秋天的顏色，地點在英格蘭格洛斯特郡（Gloucestershire）的托特沃斯（Tortworth）教堂墓地。

下圖

一顆山核桃：水彩畫，由美國植物插畫家艾倫．伊夏．舒特（Ellen Isham Schutt）所繪，1906年。

從南部的墨西哥到北部的麻薩諸塞州，中美洲與北美東側的原住民——不論是馬雅人或阿爾岡昆人——都對山核桃的品質瞭若指掌，包括北部的鱗皮山核桃、南部的長山核桃（*Carya illinoinensis*）、光葉山核桃（*C. glabra*）、貝殼山核桃（*C. laciniosa*）與絨毛山核桃（*C. tomentosa*）。這些有緊密親緣關係的樹種都是高大的林木，除了能生產出品質優良的堅果與抗拉強度高的木材，也能從樹皮萃取出糖漿。然而即便如此，這些樹還是得靠一位路易西安那州被解放奴隸與一位紐約外科醫生的努力，才能以一流堅果生產樹的角色發揮其商業潛力。

在達科塔州以東與喬治亞州以北，鱗皮山核桃無疑是森林中的代表性植物，會自行脫落的粗糙樹皮是令人一眼就能辨識的主要特色。其樹葉為羽狀複葉，就和梣樹、胡桃樹一樣。鱗皮山核桃通常高過森林中的其他樹木，高度多超過30公尺（100英呎），並且在超過25公尺（80英呎）的地方才會形成分枝。第一批堅果的生產速度緩慢，大概要等超過30年，不過產量十分充裕。如同胡桃，鱗皮山核桃在襯皮厚的果實內發育，堅硬的內殼裡藏有蛋白質與維生素豐富的果仁。核果用長竿敲下樹後，會經收集放置於大張的布上，然後進行乾燥與去殼的步驟。鱗皮山胡桃屬雌雄同株（同一棵樹上有分開的雄花與雌花），而且很容易雜交，因此得仰賴熱心人士的努力，才能辨識出最具商業價值的品系，而R．T．莫里斯醫生（Dr. R. T. Morris）就是其中一號人物。他在1905年發起了一連串的堅果搜尋競賽，使最優秀的樹種得以被篩選出來，作為嫁接所用。山核桃並不像果園裡的果樹那樣容易嫁接。所幸在1846年至1847年間，曾為奴隸的「安東」（Antoine）發現了成功嫁接山核桃的秘訣，而他所培育的「森特尼爾」（Centenniel）至今仍被視為是數一數二的優良核桃品種。[1]

山核桃能產出長而筆直的高品質木材，因而受到重視。如同梣樹，其木材除了應用在營造上，也能用來製作輻條輪、家具、工具手把，以及同樣重要的傳統棒球棒。對許多會冬眠的哺乳動物來說，數種北美與中美的山核桃是牠們重要的冬季食物來源。

偉大的巴西栗
Bertholletia excelsa

地方名：PARA NUT（「帕拉果」）；CREAM NUT（「奶油果」）；CASTANHA（巴西）

左圖

巴西栗樹令人印象深刻的壯碩樹幹，地點在巴西馬托格羅索州（Mato Grosso state）的上弗洛雷斯塔（Alta Floresta）。

下圖

獨自佇立的巴西栗樹，地點在巴西聖塔倫（Santarém）附近的亞馬遜雨林。

最下方

奧利果（ourico）堅硬外殼內的巴西栗。

植物學家法蘭克・諾曼・豪斯（F. N. Howes）在他於1948年出版的經典之作《堅果：關於其生產及日常應用》（*Nuts: Their Production and Everyday Uses*）中，恰如其分地讚譽巴西栗為「堅果之王」。巴西栗樹生長在亞馬遜盆地，樹冠高大，單一主幹一直要到大約30公尺（100英呎）以上才分枝。其果實外觀近似椰子，內含十多顆堅果。豪斯在書中生動描繪出戰後初期的堅果貿易情況：巴西栗在雨季期間成熟，而幸運的是，當時河水正好高漲，利於獨木舟或汽艇運載堅果到瑪瑙斯（Manuas）或伊塔夸蒂亞拉（Itacoatiara）銷售。在戰爭剛結束之際，幾乎沒有商業種植園具生產力，而從林木上採收作物又很冒險。氾濫的河水、簡陋的臨時營地、攀爬高樹所帶來的風險、流行疾病以及餐餐吃樹薯……堅果採集者（castanheiro）要面對的危險還不只這些。

「對於採集果實的工人來說，」豪斯寫道，「工作過程不僅伴隨風險，而且經常會有致命或嚴重意外發生……這些堅硬的木質果實重達3至4磅，若從100英呎以上的高度墜落，將會以相當大的力道衝撞地面。萬一有一顆果實砸中採集工人的頭，不難想像後果會有多可怕。」[2]

由於巴西栗樹生產堅果的商業價值高，因此幾乎很少會因為內樹皮或堅硬耐久的木材而遭砍伐。巴西栗樹的內樹皮過去一度用來作為船身的防漏填料，如今已受法律保護。不過巴西栗的果實（又稱「奧利果」，ourico）外殼能製成好用的杯子，有時也會用來製作項鍊或手鐲之類的裝飾品。如同橡實或榛果，巴西栗的種子經齧齒動物埋藏於地下後，便能確保林木以自然的方式繁殖。

巴西栗不僅美味，天然礦物質的含量也高，包括鎂、磷、硒、硫胺素與維生素E，因此極具商業價值。巴西栗在1830年代首度從巴西與玻利維亞出口。等到豪斯開始撰寫著作時，每年的國際市場生產量已達3至4萬噸；到了2014年更是達到約9萬5千噸。巴西栗也能用來萃取油分，當地居民會將這種堅果油應用在烹飪和照明上。

芳香的開心果
Pistacia vera

地方名：PISTAKION（古希臘語）；PESTEH（古波斯語）

左圖

已趨成熟的開心果果實。

下圖

希臘的開心果果園。

野生開心果樹的原產地範圍是從地中海東部海岸延伸至烏茲別克山區，數千年來藉由嫁接的方式進行篩選與培育。豪斯在他1948年的堅果專書（見第107頁）中提到，阿富汗與波斯北部的游牧民族之間「因森林所有權與野生堅果的採集，經常心生妒忌，而這些游牧民族的許多世仇都源自這類爭執……開心果樹在阿富汗常見於神殿附近，並受到悉心保護。」[4]

淺綠色的開心果（嚴格來說是種子）充滿香氣，為土耳其軟糖、中東果仁蜜餅（baklava）、印度牛奶雪糕（kulfi）與那不勒斯三色冰淇淋增添了獨特風味。源自非洲的遠古人類在戈蘭高地（Golan Heights）與加利利海之間的胡拉谷（Hula valley），發現了生長於當地的野生扁桃、橡實、菱角與開心果，從此得以享受這些食物的美味，並從中獲得滋補強身的營養。[5]

開心果樹為落葉喬木，與腰果（*Anacardium occidentale*）有親緣關係，高度不超過10公尺（33英呎），喜好的氣候條件與油橄欖、扁桃相同：炎熱、乾燥的夏季與涼爽的冬季。開心果樹春天時會在長葉前開花，容易因霜害受凍，屬雌雄異株，在同一顆樹上只會開雄花或是雌花。果實成熟需花兩年的時間，屆時待外殼自然裂開就能採收（如今一般都是使用機器）。有時雄性接穗會嫁接到雌樹樹枝上，以確保授粉順利。

包覆著開心果的外殼及葉片上的蟲癭都是珍貴的單寧來源，能用於染色與皮革處理。開心果富含油脂與多種重要的維生素，包括E、K、B5、B6、硫胺素與核黃素，另外也含有鈣，適合儲存並提供冬天時所需的礦物質與蛋白質。不過喜愛開心果的人可要注意了：根據過往經驗，當開心果大量存放於不通風的容器時，有可能會發生自燃現象。

神賜予的禮物 ： 梨
Pyrus communis

方名：ARBOL DE PERA（西班牙語）；POIRIER（法語）；
APIOS（古希臘語）；NASHI（日語）

荷馬在史詩《奧德賽》（Odyssey）中曾描述梨樹種子是神賜予的禮物，然而根據希臘作家泰奧弗拉斯托斯（Theophrastus）所言，梨樹「不僅已喪失自身的特色，更產出了品質劣化的種類」。現代生物學家用「異型合子」（heterozygous）一詞描述繁殖時基因會重組的植物，包括蘋果和梨子；而這也說明了為何梨子和其親戚的栽培方式，是將接穗嫁接到堅硬的砧木上，以及為何在亞洲西部山區（也就是野生梨樹的發源地）有如此豐富的梨子種類，以供選出最初的人工培育品種。儘管培育品種都不會長超過9公尺（30英呎），但藉由鳥類廣泛傳播種子的野生梨樹，卻能長到15公尺（50英呎）。

對歐洲人來說，梨子似乎是一種甘甜卻又墮落的水果，以致在許多後期的中世紀聖經插圖中，梨子反而取代了蘋果，被描繪成分辨善惡樹上的禁果──對道德薄弱的人來說是難以抗拒的誘惑。「乾癟的梨子」被莎士比亞當作是一種貶義的隱喻，「梨子頭」（在法國被用來形容「愚蠢」，而「梨形」一詞亦具有負面的含義。話雖如此，不過這種水果本身倒比較像是令人沉迷的美食──一種奢侈的享受。

梨子如今廣泛種植於所有溫帶地區，主要分為歐洲梨與亞洲梨。繁茂的白色花朵在春天長葉前綻放，除了使授粉昆蟲得以盡早進食，大量盛開的場面也與光禿的深色灌木樹籬形成對比。梨子在成熟前就經採收，在冷藏的狀態下能保持新鮮。梨酒（perry，法文名稱為*poiré*，一種類似蘋果酒的發酵酒）是用法國與英國的特殊品種製成。在末次冰河期尾聲有人居住的瑞士洞穴裡曾發掘出乾燥的梨子切片，顯示梨子在冬天是一種重要的維生素來源。而成熟的梨子以酒、糖漿或蜂蜜醃漬後，則能變身成昂貴料理的代表性食材。

梨木密度高、色澤深沉、紋理細緻且有時帶點桃紅色，一般用於製作櫥櫃、樂器（例如用於支撐大鍵琴弦撥的弦撥架）與鑲嵌細工。如同其他生長緩慢的果樹木材，梨木能自動潤滑，傳統上用於製作風車和水車齒輪上的輪齒。

D. G. Passmore
2-16-1904

水果之后：山竹
Garcinia mangostana

地方名：莽吉柿；MANGGIS（馬來語）

左圖

山竹的果實與樹葉，水彩畫，出自美國農業部的植物插畫家黛博拉·格里斯康·帕斯莫（Deborah Griscom Passmore），1904年。

下圖

菲律賓市集攤位上的山竹。

如果梨子在過去曾是奢侈的同義詞，那麼後來取而代之的應該就是昂貴又稀有的山竹了。這種味道甘美、外型奇特的水果幾乎只生長於東南亞，而且每年只有兩個月的收成與販售期。2012年，第一批商業栽培的波多黎各山竹共80磅運送至紐約後，以每磅約45美元／每顆10美元的價格銷售。[3]

去皮後果肉入口即融的山竹，口味據說就像是某種草莓與葡萄的雜交種；在植物學上，這種圓形的紫色水果屬於漿果。野生的山竹樹高度可達25公尺（82英呎），但人工培育的品種則普遍矮小許多，具寬闊伸張的形態特徵。山竹需要恆久潮濕且肥沃的熱帶土壤，不過短時間的乾燥能誘發開花。山竹常見於湖邊與池邊，或是溪流與河川沿岸。其樹木是透過由孤雌生殖所產生的幼苗進行繁衍，因此每一個後代都和母樹一模一樣。山竹不需要嫁接，生長約八年後結果，且能持續保有生產力超過50年之久，每次收成能生產約5百顆以上的果實。山竹主要種植於東南亞，是由當地小農進行栽培的一種經濟作物。

每一顆山竹果實去皮後，會露出5至6瓣果仁包圍著單一種子，果肉白色多汁。種子一般以水煮、烘烤或加入風味果醬的方式食用。外皮具收斂止血功效，除了能用來緩解痢疾與腹瀉症狀，還能治療皮膚問題，例如濕疹。深色的山竹木非常重也相當耐用，能用於營造以及家具、工具手把或搗具的製作上。

自至少15世紀起，山竹在旅客與美食家之間就已名聲響亮，而對生長條件的嚴格要求與傳說中的美妙滋味，則是確保它在全球市場維持稀有及良好聲譽的關鍵。有了人類將大自然最佳產物引進全球市場的所有技術作為後盾，山竹想必永遠都會是絕頂奢侈的代名詞。

Inocarpus edulis

驚人的太平洋栗
Inocarpus fagifer

地方名：AILA（巴布亞紐幾內亞）；IFI（薩摩亞、東加、霍倫群島）

薩摩亞民間傳說描述人類是從太平洋栗中誕生。太平洋栗在某些太平洋島嶼被稱為ifi，之所以值得納入本章，是因為其所生產的堅果受到高度重視。不過除此之外，太平洋栗還有許多其他的長處。從西邊的爪哇到東邊的馬克薩斯群島（Marquesas），太平洋栗可見於溫暖潮濕的森林、花園、河邊、沼澤、沿岸地帶與椰子種植園。雖然其外表令歐洲人聯想到他們較為熟悉的栗子，但太平洋栗其實是豆科植物——儘管它似乎不像其他豆科成員能有效固定住大氣中的氮（見第6章）。

常綠的太平洋栗高度可達20公尺（65英呎），花期為11月至12月，黃白相間的芬芳花朵會在隔年結果，果實成熟時會從綠轉為黃。一棵成熟的樹每年有可能會產出75公斤的果實，相當驚人。[6]去除外殼後，露出的腎狀白色種子重達50公克（兩盎司），是狐蝠與鳳頭鸚鵡所喜愛的食物；經水煮、烘烤或炙燒後味道極似歐洲栗（見第4章，第147頁），且富含蛋白質與碳水化合物。重要的是，當其他像是山藥的主食產量不多時，還有太平洋栗可供所需。[7]太平洋栗可製成蛋糕、麵包與布丁，或是發酵以便保存。未經烹煮的果仁能乾燥處理以作為存糧。

太平洋栗的樹葉、樹皮與樹根有許多傳統醫療上的應用，包括治療腹瀉、燒傷與骨折，不過少有科學證據能證實其功效。表面像上了蠟的大片葉子能用來作為蓋屋頂的草料。其木材除了能用來製作家具與工具手把，也能用來建造獨木舟，或是作為燃料。太平洋栗也能種來作為防風林和房產範圍標記，並為可可、地瓜和玉米等作物遮蔭。其分布廣泛的側根除了能防風，也具有絕佳的穩定土壤作用，尤其是為海岸沙丘與河堤貢獻良多。

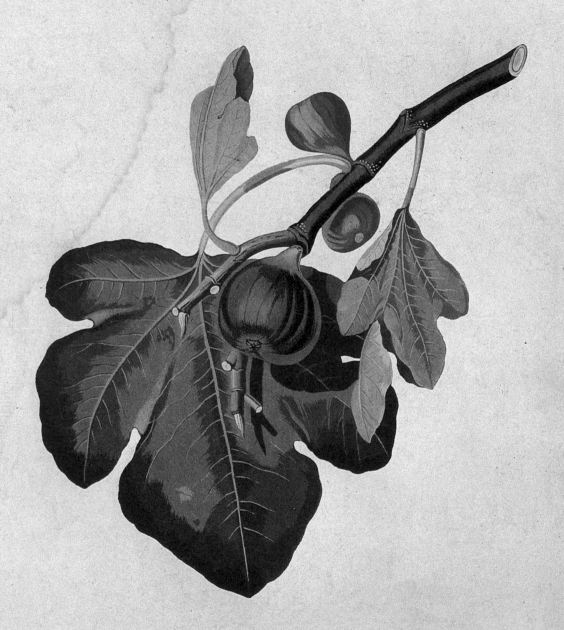

Ottavio Muzzi dis.   Gius. Pera incise

FICUS CARICA Lusitaniensis
Fico di Portogallo.

常見卻不平凡的無花果
Ficus carica

地方名：ANJIR（波斯語）；ANJEER（印地語）；SIMAIYATTI（坦米爾語）

聖經新約裡有一則無花果樹不結果的比喻故事，[8] 敘述一位沒耐性的主人催促園丁砍掉一棵三年都未結果的無花果樹，結果這名園丁的回應方式是施予這棵樹充足的肥料。甜美的果實渴求養分，必須要靠樹木耗費許多能量以供其所需。

無花果作為培育品種的時間似乎早於麵包小麥，在東南亞原產地區的起源甚早，甚至可追溯至公元前第10個千禧年。無花果樹的大片裂葉就和果實一樣獨特，一眼就能認出；而甘甜多汁的果實可直接食用，也可製成果乾以便保存。無花果樹與桑樹有親緣關係，如今廣泛種植於地中海型氣候的地區；其高度可達10公尺（33英呎），且具有寬廣的散形樹冠可供遮蔭，很適合作為觀賞園藝植物。

在無花果樹上尋找春天盛開的花朵可說是浪費時間；無花果的花藏在果實內生長，而這也使得無花果的繁殖循環在自然界中實屬奇特。早在公元前4世紀，亞里斯多德就已觀察到某種蜂會從野生無花果中鑽出，並為其花朵授粉。而我們現在也已知道每種無花果都有

上圖

生長於廢墟中的無花果樹,地點在愛奧尼亞海上的凱法利尼亞島(Ionian island of Cephalonia)。

右圖

「皇家黑」(Royal Black)無花果果實,水彩畫,出自美國植物插畫家伊莉絲·E·羅爾(Elise E. Lower),1912年。

自己專屬的蜂作為授粉媒介。雌蜂會在尚未成熟的果實上鑽一個小洞,在果實內產卵(並同時授粉),然後就這麼死在裡面。而它的雄性後代一旦在果實內孵化完成後,就會與尚未孵化的雌蜂交配,然後鑽一個小洞作為出口,使交配後的雌蜂之後能鑽出去尋找自己的新果實。這個能自行持續的繁殖循環似乎差點要動搖了演化的可信度。

當人工栽培的無花果於1880年代首次引進美國太平洋沿岸的果園時,儘管當地的氣候看似理想,卻無法結出任何成熟的果實──就算仿效聖經故事施予更多肥料也沒用。一直到野生無花果樹與它們的授粉蜂一同被引進後,這項培育實驗才終於成功。「單為結果」(parthenocarpic)的現代培育品種已發展成功,使其無須藉蟲媒授粉就能發育成果實──對那些喜愛無花果的人來說無疑是個好消息,因為他們不用再害怕看到果實裡有蟲了。

48925
"Royal Black"
Amato Tassa
107 Penn ave n.t.
Washington
D.C.

Elsie E. Lower.
10-12-'10
10-14-'10

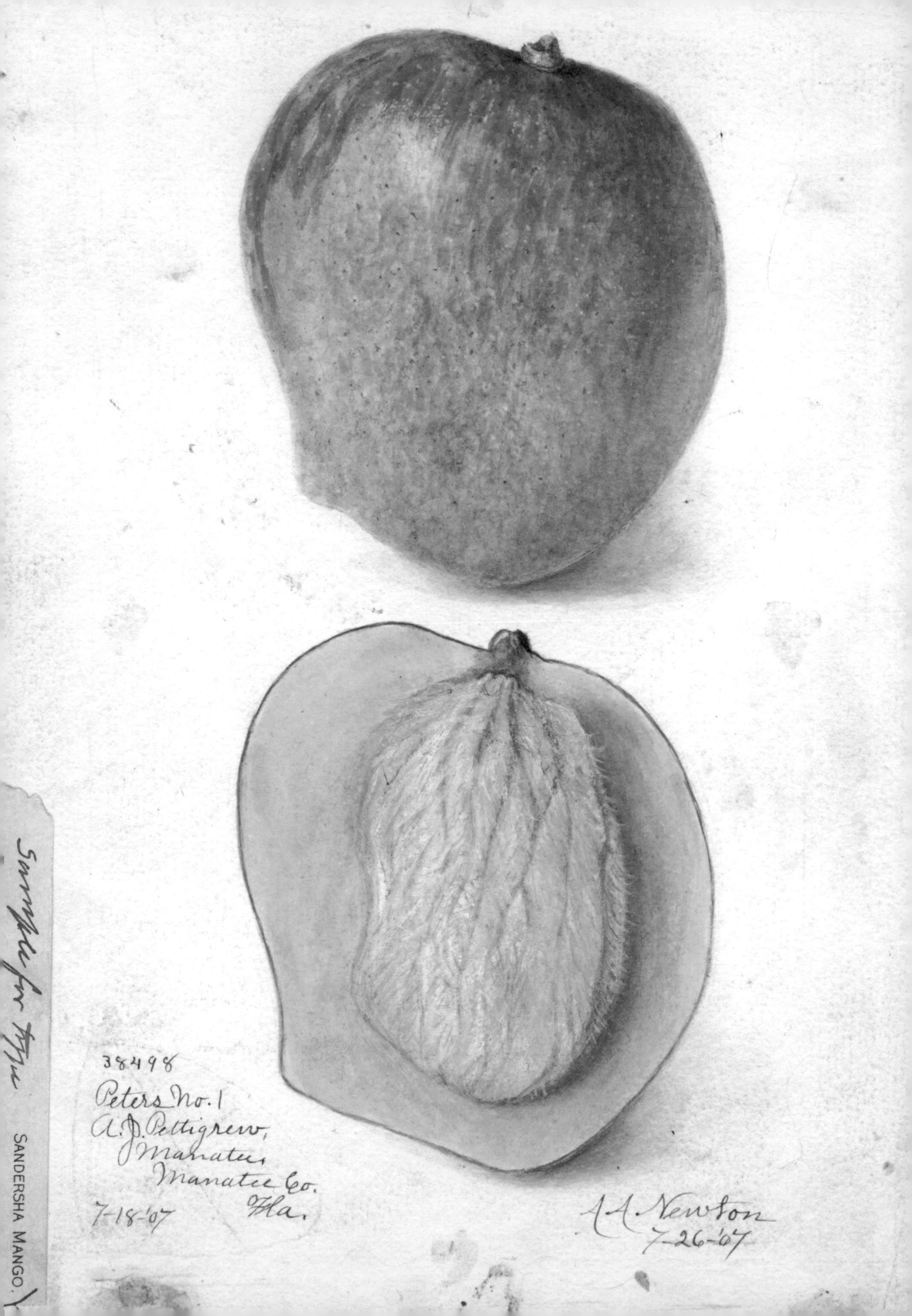
38498
Peters No. 1
A. J. Pettigrew,
Manatee,
Manatee Co.
Fla.
7-18-'07
A. A. Newton
7-26-'07
Sample for type
SANDERSHA MANGO.

無與倫比的芒果
Mangifera indica

地方名：MANGO（印地語）；MANNA（馬來語）；MANGA（葡萄牙語）

大多數的果樹都是灌木──它們將能量都用在孕育果實上，而非設法以高度贏過其他的樹木。果農也喜歡讓果樹維持矮小，以便採收與修剪。然而，在原產地印度與馬來西亞的芒果卻是個明顯的例外，高度竟可達35公尺（115英呎）以上。身為名副其實的森林大樹，芒果樹的深色常綠樹葉表面就像是上了一層蠟，沉甸甸的綠色果實成熟時會轉為帶點桃紅的黃色。芒果樹與腰果樹有親緣關係，有可能存活並結果長達3百年或更久。

芒果木用途廣泛，可製成各種產品，包括家具與包裝木箱，另外也可用於營造，以及作為燒烤食物所用的無煙木炭。其樹皮含有充足的單寧，經剝取提煉後能用於皮革鞣製，也能製成一種黃色的染劑；遭割劃時則會滲出一種樹膠，能用來治療開放性傷口。就連芒果樹的花朵也具有藥效，能治療蜂螫與作為緩解痢疾的收斂劑。

然而，芒果樹之所以發展出遍及全球熱帶地區的數百個培育品種，主要還是得歸功於它的果實──大多數商業種植的芒果樹都是以嫁接的方式確保品種純正。芒果是大自然最甜美多汁的贈禮，除了能當作甜點外，未成熟的果實也能作為食材製成咖哩、醬料與漬物。不尋常的是，如此碩大的果實內卻只有單一種子。芒果到了公元10世紀時已見栽培於東非。在15與16世紀期間，葡萄牙出口商為了討好皇室而將這種水果帶回國內。到了17世紀晚期，植物學家兼探險家們更在《馬拉巴爾花園》（*Hortus malabaricus*）中廣為宣傳芒果的優點（這本綜合論文集研究的是印度西南部馬拉巴爾海岸的植物群）。[9]

滿懷熱忱的園藝師一直嘗試在英國種植芒果。1980年代，栽種於邱園熱帶溫室裡的芒果在最初的20年間都無法結果。然而，在經歷了一個冬天土壤不慎乾掉的情況後，芒果樹終於在2009年的夏天成功長出兩顆果實。[10]於是乎，從傳統的果農經驗可知，芒果需要歷經一整個乾季以誘發結果。

歐洲甜櫻桃
Prunus avium

地方名：GEAN；SWEET CHERRY（「甜櫻桃」）；MAZZARD

原生歐洲甜櫻桃（與李子有親緣關係）樹上盛開著帶點桃紅的白色花朵，除了在產地歐洲的城鎮與鄉間預示著春天的來臨，也為世界各地的藝術家提供了創作靈感。具光澤的翠綠色樹葉緊接在花開後，也很早就開始萌芽。就如此常見的樹木來說，互有親緣關係的樹種經常令人混淆，包括鳥櫻（*Prunus padus*）與許多培育品種（前者會綻放一叢叢如分枝燭台般的白花，但果實無法食用）；不過歐洲甜櫻桃深受人類、鳥類與哺乳類喜愛的亮紅與深紫色果實，絕不會有人認錯。

即使是在嚴冬之際，甜櫻桃具有光澤又帶點紫色的深褐樹皮仍舊格外顯眼；突起的橫列皮孔令樹皮看起來坑坑巴巴的，是用來與外界交換氣體的門戶。成長快速的主枝持續向上生長，高度偶爾會達到約30公尺（100英呎）或更高，十分驚人。

上圖

歐洲甜櫻桃的花朵，在樹葉完全長出來之前盛開。

右圖

歐洲甜櫻桃（品種為「蒙莫朗西櫻桃」〔Celise de Montmorency〕），水彩畫，出自美國植物插畫家黛博拉‧格里斯康‧帕斯莫（Deborah Griscom Passmore），1910年。

英國的青銅時代（Bronze Age）聚落遺址（可追溯至公元前2500年至800年間）在挖掘時經常發現古老的櫻桃籽，顯示出這種水果受英國人喜愛已有千年之久。甜櫻桃能自花授粉，其栽培與篩選的起源久遠，至少可追溯至公元前第1個千禧年的小亞細亞。如今許多商業栽培的品種已遍及全球的溫帶地區，其中某些是甜櫻桃與酸櫻桃（*P. cerasus*）的雜交種——味道越酸就越有可能用於烹飪，而非直接生吃。野生甜櫻桃樹的兩性花藉由蜜蜂授粉，其天然繁殖方式則是靠鳥類與哺乳類食用果實後將籽散播至他處

櫻桃樹很容易出現駢幹生長的現象，其高密度的深褐色木材因堅硬與色澤而受到重視，適合以車床旋削加工，也能用於製作櫥櫃與樂器背板。櫻桃木的木屑常用於煙燻肉品，以增添風味並利於保存；從樹皮傷口滲出的樹液則是一種帶有甜味的天然口香糖。

櫻桃因樹葉與花朵的生長時間早，因而作為觀賞植物廣泛種植於街道旁與庭園內。果實較酸澀的中國櫻桃（*Prunus pseudocerasus*）則馳名於日本與中國各地，因花朵繁盛而經常出現在繪畫與詩中。

46949
Cerise de Montmorency
Mrs R. Smallwood
Linden, Prince Geo Co. Md
Montgomery Co.

D. G. Passmore
6. 13. 1910
6. 17. " "

No. 64463

C. S. Pomeroy.

South Glastonbury,
Conn.

E. J. Schutt
Sept 6 - 1913.
Sept. 8. 1913.

peach sport.

桃樹
Prunus persica

地方名：PERSIAN APPLE（「波斯蘋果」）；桃樹

據說在公元前4世紀，亞歷山大大帝將東方桃樹連同其繁茂花朵與美味果實，引進了歐洲。若真是如此，對這名在30歲前就率軍征服了半個亞洲的人物來說，桃子本身就是個值得留給世人的珍貴禮物。在公元前第5個千禧年間，桃子就已在中國與日本歸化；而當時，歐洲農夫才剛開始學習使用原始的犁栽種小麥。從那時起，桃樹與其果實便成為了藝術家與作家投注熱忱的創作題材。桃子在中國象徵長生不老，深受神明與帝王所喜愛，並且一直都是很受歡迎的裝飾圖案與烹飪食材。以桃子作為主題的壁畫仍能見於赫庫蘭尼姆古城（Herculaneum）的羅馬別墅殘壁上，地點就在休眠的維蘇威火山錐底下。卡拉瓦喬（Caravaggio）、魯本斯（Rubens）、梵谷與莫內都曾畫過桃子，而較近期的大衛‧馬斯‧增本（David Mas Matsumoto）則寫下了令人傷感的《桃樹輓歌》（*Epitach for a Peach*），[11] 藉以讚頌與哀悼美國傳統桃果園的衰落。

桃子的拉丁學名除了反映出羅馬人認為桃子源自波斯的看法外，也

AMYGDALUS.

The Peach and Nectarine?

透露出其與杏、扁桃、櫻桃、李子在遺傳上同源。無數的品種（包
括表皮光滑的油桃）都在溫暖乾燥且無晚春霜凍的氣候中培育而
成。桃樹在3年後就會結第一次果，然而其壽命有限，約為15年。
據聯合國統計，2016年由中國佔大宗的全球桃產量達到了1千6百萬
噸。粉紅色的桃花會在3月樹葉長出來前盛開，除了帶來一場壯觀的
花舞秀外，也提供了授粉蟲媒趁早採集花蜜的機會。披針形樹葉容
易受一種由真菌引起的「捲葉病」所侵襲，尤其是在陰涼潮濕的環
境中。

如同所有的李屬（*prunus*）樹種，桃樹的樹皮可能是深褐色或紫色，
並且帶有光澤，上面還有近似於樺樹與甜櫻桃樹的橫列皮孔。桃木
生長緩慢，密度高且容易燃燒，其木屑能當作是一種芳香料販售，
用於明火烹飪或烤肉。如同其親戚扁桃與杏，桃子的果核具有「苦
杏仁苷」（*amygdalin*）所帶來的特殊味道；這種化學物質會釋放氰
化物，不過量不多，吃進體內並不會有任何危險。

密花澳洲檀香
Santalum acuminatum

地方名：DESERT PEACH（「沙漠桃」）；GUWANDHANG（「框檔果」，委拉祖利語）；WOLGOL（努加語）；WANJANU（皮詹加加拉語）

奧莉芙・品客（Olive Pink，1884年至1975年）是澳洲人類學家，同時也是植物插畫家。她不僅對自然與文化歷史有細微的觀察，對澳洲北領地（Northern Territory）的原民社群阿爾內特（Arrernet）與瓦爾皮瑞（Warlpiri）來說，更是為他們捍衛權益的激進社會運動家。她也是一名植物園管理人，與強尼・詹比金巴・亞納里伊（Johnny Jambijimba Yannarilyi）一同維護位於托德河畔（Todd river）愛麗絲泉（Alice Springs）鎮上的植物保護區（如今已成為一座公共花園）。[12] 她以澳洲原生植物為主題的畫作不僅手法細膩，對於色彩與形狀的運用也很鮮明生動。

對於品客花了大半輩子相伴的原民社群而言，密花澳洲檀香的亮紅色果實是他們的最愛。密花澳洲檀香是一種常綠灌木，與檀香有親緣關係，形態特徵相當多變，高度可達6公尺（19英呎），樹冠呈圓頂或圓錐形，披針形葉片為顯眼的淡綠色。值得注意的是，密花澳洲檀香屬於半寄生植物，會從宿主那裡取得水分以及從土壤吸收而來的礦物質；具固氮能力的豆科植物，像是相思樹或木麻黃，都是常見的宿主。[13] 種子休眠以及對合適宿主的要求造成密花澳洲檀香難以繁殖，然而其果實越來越受歡迎，也導致近期出現過幾次商業栽培的嘗試。鴯鶓是這種果實的天然傳播媒介與忠實愛好者。身為能忍受炎熱與乾旱的原生植物，密花澳洲檀香在澳洲中部與南部各地生長，不僅是能夠滿足鴯鶓胃口的重要食物來源，也深受蛾與甲蟲所愛。此外，在經歷了林地野火後，密花澳洲檀香還是能從根部重新生長。

密花澳洲檀香的果實富含維生素C，裡面含有一顆大堅果，表面盤繞的樣子看起來像縮小版的大腦。從果實中分離或從鴯鶓糞便中收集而來的堅果脂肪含量高，曾一度被當作是某種蠟燭而燃燒使用。這種堅果也可烘烤或加鹽後食用。密花澳洲檀香的根部與木材具抗菌特性，能用於治療皮膚病；另外，堅硬、沉重且紋理細緻的木材可用於家具製作，其細枝亦可做為便利的摩擦生火工具。樹皮則含有單寧。品客的植物素描集收藏於塔斯馬尼亞大學的圖書館。

胡桃
Juglans regia; J. nigra

地方名：ENGLISH OR PERSIAN WALNUT（「英國或波斯胡桃」）；NUX GALLICA（拉丁語）；EASTERN BLACK WALNUT（「東部黑胡桃」）

胡桃不僅是另一種中亞的原生植物，據說也和桃子、蘋果一樣，都是亞歷山大大帝軍隊帶到歐洲的戰利品。在吉爾吉斯（Kyrgyzstan）的山區，滿是純種胡桃的廣大森林依舊覆蓋了整片土地，而胡桃這種獨佔排外的傾向背後有著生物學的解釋。所有的胡桃樹種——其中黑胡桃（*Juglans nigra*）原產於北美東半部——都會產生一種名為「氫化胡桃醌」（hydrojuglones）的化學物質，集中在樹葉、樹根與樹皮內，會抑制其他許多植物的生長（此一現象稱為「毒他作用」）。如同老普林尼在公元1世紀時所提到的觀察：「胡桃樹的陰影具有毒性……」

胡桃一直以來都很受人重視：除了營養價值高的堅果富含油脂與維生素B外，堅硬、抗震且外形優美的深褐色胡桃木也是原因之一。胡桃木用於製作槍托（1806年法國有1萬2千棵胡桃樹遭砍伐，以提供拿破崙大軍作為槍托的製作材料）、[14]高級家具與豪華車的儀表板，例如捷豹（Jaguar）。一棵可能賣出數千磅的樹將用來製成16分之1英吋厚的膠合板。

胡桃本身就是一種令人欽佩的樹：其高度可達40公尺（130英呎），具有茂密的散形樹冠。樹葉翠綠，內含堅果的綠色球狀果實到了秋天，重量似乎壓得整棵樹都垂了下來。胡桃屬雌雄同株，即同一棵樹上有分開的雄花與雌花。它們能自育，因此不需要交配對象；然而它們也能與其他樹雜交，因為任何一棵樹上的雌花都會比雄花還要早盛開（此一現象稱為「雌雄異熟」）。在目的為生產堅果的商業種植中，大多數的培育品種是藉由嫁接的方式繁殖，以確保受歡迎的堅果品種純正——每一種堅果都是依據口味、大小、是否便於加工，或是否適合在某地種植等條件篩選培育而來。

胡桃對於人類所施加的作用有很好的反應：將成熟堅果打下樹的傳統採收方式，反而能促進結果枝條隔年的生長。一棵胡桃樹有可能維持生產力達數百年之久。

CHAPTER 4

糖和香料：
廚師的寶物

肉豆蔻　145

歐洲栗　147

人心果　151

可可　153

猢猻木　155

油橄欖　159

樹番茄　163

肉桂　165

長角豆　167

酪梨　169

印度咖哩葉　171

咖啡　173

糖楓　177

扁桃　181

食物製備不僅能滋養身心，同時也是一種社交活動，能凝聚家人與社群、將用餐時刻轉變為隆重儀式，以及慶祝不同季節的豐收。花費心力尋找、挑選、去皮、提煉、清洗、切剁及增添食材於餐點中，這些程序有時感覺很浪費時間，畢竟西方國家的超市架上盡是來自各地、為了方便而由陌生人所準備的即食產品。不過，收集與處理食材其實也是一種平和的集體活動，是世代之間分享故事與彼此聯繫的美好時刻。許多遭西方廚師棄之如敝屣的果殼、果皮、樹葉與細枝，都能作為食物、燃料、飼料與玩具的製作材料，或是用於包裝與儲藏物品；由此看來，工業加工無疑是種浪費。此外精心準備食材也能確保烹調過程中留下的營養，能夠盡可能趁新鮮時供人享用。科學家如今已知高纖食物是維持健康的基本所需（但纖維質經常在高度加工的過程中遭到破壞），而身為地球村的一員，我們所攝取的新鮮蔬果實在少得可憐。

某些奇特的異國食材在過去曾是引發強權交戰的原因，如今則變得普遍且價格低廉，而許多廚師都不清楚（甚至可能不在乎）這些食材從何而來。本章集結了某些最受人喜愛的食材背後的故事，希望能藉此讓大家知道，這些樹木與最初實驗其可能性的社群之間連結有多緊密。這段旅程會帶我們到遙遠至極的「香料群島」（Spice Islands）——位於印尼東部、帶給我們肉豆蔻核仁與蔻衣的摩鹿加群島（Malaku Islands或Moluccas）——也會帶我們到安地斯山脈的可可樹種植地，以及大家熟悉許多的地中海油橄欖樹園。

許多樹木所生產的食材具有藥性：某些若大量攝取會引發中毒，而其中大多數樹木也能提供木材與遮蔭，樹葉、樹皮、水果或堅果的萃取物則能製成泡劑或肥皂，及用來治療傷口或提供照明。本章所涵蓋的某些樹木最後之所以成為廚房食材的來源，主要是因為能增添與保存湯品、咖哩與印度酸辣醬（chutney）等傳統菜餚的風味。

在提供食材的樹木中，最出類拔萃的想必就是咖啡與可可了：在超過1百種已知的咖啡樹品種中，僅有2種是用於生產咖啡豆；而安地斯山脈的可可豆在過去則是地位如神一般的國王才有特權享用。

不論是咖啡或可可，都很值得寫成專書作介紹。這兩者的故事顯露出人類對於探索自然甚至全球資源抱持著無窮慾望，會帶來哪些最好與最壞的影響；另一方面，由於針對咖啡與可可對精神層面的影響所做的科學分析有所進展，也使得這兩種產物變得更為複雜與奇妙。烹飪總歸來說就是一種化學實驗，過程中依經驗在味道、口感、氣味與營養上，尋找出人類與自然的最佳合作關係。人類與樹木收成之間不再以樸實的手工過程作為連結，會導致棕櫚油樹這類的單一作物遭到過度開發，或是導致供給遭到壟斷，進而造成自給農民轉型成為失去影響力的經濟作物農工。廚師與消費者能享受與嘗試的樹木作物種類越多元，集體美學經驗就會越豐富，對土地與社群種植少樣商業作物的依賴與壓力也會變小。在溫帶的西方國家中，僅有非常侷限的幾樣食物是以商業規模進行生產與消費，包括數種穀物、更少種類的動物，以及數十種蔬果。傳統上，原民自給農與狩獵採集者所開發的食物種類則豐富許多，而這些食物多來自他們在村落附近找到的自然生長樹木。其中有些樹木如今只為了單一產物而以商業形式栽培，例如肉桂或扁桃。然而若是更仔細觀察，就會發現對那些在庭園、農地或當地山丘上栽種的人來說，這

些樹木都具有其他的益處。

在溫帶的西方國家中，僅有非常侷限的幾樣食物是以商業規模進行生產與消費，包括數種穀物、更少種類的動物，以及數十種蔬果。傳統上，原民自給農與狩獵採集者所開發的食物種類則豐富許多，而這些食物多來自他們在村落附近找到的自然生長樹木。其中有些樹木如今只為了單一產物而以商業形式栽培，例如肉桂或扁桃。然而若是更仔細觀察，就會發現對那些在庭園、農地或當地山丘上栽種的人來說，這些樹木都具有其他的益處。

最上方

乾燥的肉豆蔻與種皮分離。

最下方

送往市場途中的人心果，地點在印度的安得拉邦（Andhra Pradesh）。

肉豆蔻核仁與蔻衣
Myristica fragrans

地方名：BUNGA PALA（印尼語）；CHAN THET（泰語）

班達群島（Banda archipelago）是由11座小型的熱帶火山島所組成，位於巴布亞紐幾內亞的西南方，如今屬於印尼的一部分；在過去則稱為「香料群島」，一直到18世紀後期都是全世界肉豆蔻的出口地。

淺褐色的核仁必須要花數週的時間仔細曬乾，使其與外殼分離，再用棍子迅速猛烈地敲打，以順利取出。核仁經研磨後會變成濃艷的紅棕色粉末，帶有一種熟悉又甘甜的香味，既適用於烘焙，也能為醬料與肉品調味。樣子獨特的鮮紅色假種皮包覆著核仁，而核仁外的成熟果實則會在加工過程中去除。假種皮經乾燥壓平後成為蔻皮，具有獨特的香氣與味道，經常用於替燉菜與咖哩增添辛香味，或在甜點中作為肉豆蔻粉的替代品。

羅馬人有時能經由那些與中亞、東亞有所接觸的商人取得肉豆蔻。爾後，阿拉伯企業家透過波斯灣的巴斯拉港（Basra）控制供給，導致肉豆蔻在歐洲維持高價；而在此同時，肉荳蔻粉也被誇大成具有神奇的魔力。

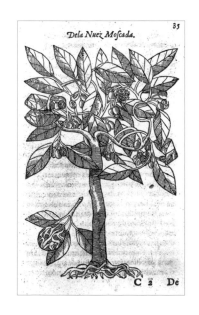

Dela Nuez Moſcada.

葡萄牙人在第一次遠征期間於1512年抵達班達群島。一個世紀過後，荷屬東印度公司打敗競爭對手葡萄牙與中國，並壓制當地商人的反抗，取得了肉豆蔻的獨佔權。不過後來，東印度竟與英國達成交易，以此換得了一個無關緊要的美國殖民地：曼哈頓島。而歐洲強權鎮壓班達群島的原住民，使其無法享有自治，甚至侵占他們的財產，則又是一則殘忍且貪婪的故事。

肉豆蔻樹的高度一般可長至大約20公尺（65英呎），如今在原產地以外的地區也有商業栽培，包括中國、西印度群島，以及印尼的摩鹿加群島。肉豆蔻具有深綠色的常綠蠟質葉片，果肉可在假種皮與核仁經加工處理前食用。不論是假種皮或核仁都能提煉出精油，用來製成調味料與香水，而肉豆蔻脂則能用來作為治療風濕病的軟膏。用肉豆蔻調味雖然安全，但是若大量攝取，就會引發中毒而使人精神出現異常。

歐洲栗
Castanea sativa

地方名：SPANISH CHESTNUT（「西班牙栗」）；MARRON
（法語）

若想見識頂級的歐洲栗，你必須要遠赴科西嘉（Corsica）的卡斯塔尼西亞（Castagniccia，其字面意思為「栗子的故鄉」），然後前往當地地形陡峭的森林。在那裡有數千英畝的歐洲栗園，如翠綠色的地毯般覆蓋住整片土地，並不時以深谷及座落於山頂的村莊作為點綴。這些歐洲栗據說當初是由羅馬軍隊引進，並由中世紀熱那亞（Genoa）的殖民者當作商業作物栽種。成熟的歐洲栗不僅養胖了當地的豬群，研磨後加進麵粉，也可用來製作麵包和栗粉粥，或是為當地的一種啤酒增添風味。歐洲栗的樹木、作物與產地就是當地文化的同義詞。

歐洲栗最初可能是生長在黑海沿岸，而將其引進義大利的似乎是希臘人。在那之後，不論羅馬軍隊於耶穌誕生前後征服了哪些地方，都能在當地找到歐洲栗樹——儘管有些人懷疑歐洲栗是到了中世紀時期才開始廣泛種植。在安那托利亞（Anatolia）、義大利、法國、瑞士南部、西班牙、葡萄牙與希臘，歐洲栗仍以商業種植的模式生長於森林或果園中，收成時使用長柄耙或徒手摘採，再用網子收集起來。英格蘭南部艾塞克斯郡（Essex）的歐洲栗萌生林有可能不是源自本地，而是由古羅馬軍團所引進並留給世人的一份禮物。而那裡所生產的木材至今仍因其抗腐朽的特性，而被當作是重要的圍籬建材。

歐洲栗能活超過5百年，在定期修剪的情況下甚至能活更久。名為「百騎大栗」（hundred-horse chestnut）的知名歐洲栗生長於西西里埃特納火山（Mount Etna）的斜坡上，之所以如此命名，是因為這棵栗樹的碩大樹冠據說曾在一場暴風雨中，為阿拉貢（Aragon）皇后的大批騎兵提供庇護。歐洲栗具有長如刀片的鋸齒緣半透明葉片，在春天時一眼就能被認出來。長出葉子後，緊接著登場的是排列成尖矛形的淡黃色花朵，然後是亮褐色堅果，由佈滿尖刺、具保護作用的外殼所包覆。淺色果實連同外皮一起烘烤後，除了味甜、高營養、無麩質、低油脂、抗氧化外，還富含維生素C、礦物質與澱粉。為了改良堅果的尺寸與風味，許多品種因而被發展出來。在冬天時，歐洲栗無疑是最受人喜愛的餡料與甜點。

右圖

保羅・塞尚（Paul Cézanne），
《冬天時查德布凡的栗樹》
（*Chestnut Trees at Jas de Bouffan in winter*），1885年至86年。

2   3   4   5

1. The Achras Sapota Plant. 2. The Cheese mite. 3. The Harvest Tick. 4. The Itch Insect.
5. The longicornis. or horned Tick. all greatly Magnified.

London Published as the Act directs, Jan 30 1808. by J. Wilkes.

甜甜的人心果
Manilkara zapota

地方名：TZAPOTL（納瓦特爾語）；NISPERO（多明尼加共和國）；DILLY（巴哈馬）

人心果是中美洲的原生常綠樹，果實成熟時柔軟又多汁，味道據說就像梨子、肉桂與黑糖混在一起，也難怪廚師愛用這種水果製作果醬、雪酪、派餡與卡士達醬。[1]然而，由於人心果在歐洲的市集攤位上幾乎遍尋不著，且尚未成熟時味道酸澀無比，以致這種樹很難以商業規模栽培。不過即便如此，人心果仍廣泛種植於原產地外的熱帶地區，例如菲律賓，原因是它不僅具有許多其他有用的特質，也能夠忍受貧瘠土壤。人工栽培的人心果高度可達約15公尺（25英呎），但若是生長在森林中，高度則可達30公尺（98英呎）。如同英國榆樹，人心果的樹幹修長筆直且具深縱溝紋。具蠟質表面的深綠樹葉可生食或趁嫩時烹煮，生於葉腋的白色鐘形小花則不時作為點綴。果實在長葉開花後開始生長，外形就像小型的蜜瓜（honeydew melon），直徑不超過10公分（3.9英吋），表皮粗糙堅硬。人心果樹會在五到八年間第一次結果；一棵成熟且具生產力的樹每年可能會產出250公斤（551磅）的果實。

如同橡膠樹，人心果樹皮受傷時會滲出乳膠，以割膠方式採集，能用來作為傳統口香糖和馬來樹膠的替代品。乳膠經加熱後會凝固成塊，便於運輸出口。人心果的木材堅硬，不僅紋理通直，也能抗腐朽，適用於細木工、大型工程與工具手把的製作，但不容易加工處理。其樹皮本身會產生單寧，能用來製成腹瀉治療藥物，以及作為保護船帆與釣具的塗料。

許多其他的傳統藥物也都是以人心果製成。其樹葉含有抗氧化物，且經實驗證實能制衡糖尿病與降低膽固醇。磨成粉末的樹根則能用於治療鵝口瘡。油亮黑色的籽看起來就像小顆豆子，儘管具有抗菌與利尿特性，但同時也含有氰化氫，因此一般在食用果實前會先將籽移除。

Peint d'après nature par M.me Berthe Hoola van Nooten, à Batavia.

Chromolith. par P.Depannemaeker, à Ledeberg-lez-Gand. (Belgique)

1   5   2   3   4

THEOBROMA CACAO.

Librairie C. Muquardt, éditeur, Bruxelles.

眾神的飲料 ：可可
Theobroma cacao

地方名：COCOA（「可可亞」）；KAKAW（馬雅語）；
CACAHUATL（納瓦特爾語）

巴拿馬庫納族（Kuna）平日飲用相當大量的天然可可，導致他們血壓低，腎臟功能佳，心血管疾病與第二型糖尿病的發展機率也很小。[2] 如此看來，阿茲特克的神以及地位如神般的國王會想要獨佔可可，一點也不令人意外。

而這也能解釋，西班牙征服者為何會在蠻橫攻打阿茲特克後，很快地在1528年將第一批可可果實帶回歐洲。可可果莢的外形獨特；果莢內的可可豆在天然狀態下味道偏苦，必須加以發酵、乾燥或烘烤，接著去殼攪碎成芳香且帶苦味的深色可可膏。然而即便如此，為了配合歐洲人的味蕾，還需添加甜味──而另一個殖民地物產「甘蔗」就是甜味的來源。倫敦的第一間巧克力屋在1657年開張。可可樹在移植到加勒比海地區後，在那裡剛好便於與英國蓄奴莊園的蔗糖形成「合作關係」，特別是在千里達（Trinidad）與托巴哥（Tobago）。

可可果實樣貌特殊，具有碩大且近似辣椒的果莢，一眼就能認出。常綠的可可灌木大小一般，高度不超過8公尺（26英呎）。其原產地在中南美洲，但很可能至少5千年前，就已在如今為秘魯與厄瓜多的地區種植。可可不僅味道濃郁，也對健康有益，能提振精神、減輕疲勞，以及提升大腦運作效率；這些特性導致可可成為上流階層的食物，而這點也反映在其拉丁名稱上，因為*Theobroma*的意思就是「眾神的飲料」。在馬雅與阿茲特克的許多神話故事中，都曾描述在精心籌畫甚至有時令人生畏的儀式中，可可會用來作為獻給神明或神明賞賜的禮物。可可豆在過去曾被當作是廣泛使用的貨幣，能用來向領主進貢。

世界上有3個主要的可可品種：法里斯特羅（Forastero）、克里奧羅（Criollo）與千里塔力奧（Trinitario）。可可樹除了以大型工業規模種植外，也有小農栽培，以確保可可樹擁有健康的基因。然而，氣候變遷有可能會帶來更多威脅，而由於可可種子在冷凍與乾燥後就無法萌發，因此格外脆弱。現今的可可生產主要集中於西非的迦納與象牙海岸。

非洲猢猻木
Adansonia digitate

地方名：UPSIDE-DOWN TREE（「上下顛倒樹」）；MONKEY-BREAD TREE（「猴麵包樹」）；ISIMUHU（祖魯語）；MOWANA（札那語）

伊本・巴杜達（Ibn Battuta）是勇敢無畏的14世紀阿拉伯旅遊家，在馬利共和國（Mali）曾見識到令他大開眼界的畫面：一名編織工在巨大的猢猻木中空樹幹內，架設了自己的織布機。世界上共有8種猢猻木，其中只有一種原產於非洲，其他多為馬達加斯加的特有樹種。非洲猢猻木應用廣泛，除了能作為儲水槽、沖水馬桶，以及南非一家淘金吧的啤酒冰庫，也能當作是郵局、巴士站或臨時難民營。由於猢猻木擁有粗大的樹幹、光亮的掌形葉片和綿長的壽命，因此民間信仰認為它是由憤怒的神靈所種下的上下顛倒樹。

不過，猢猻木確實是食糧之樹，也是生命之樹。其樹葉富含鉀、鈣質與維生素C，能生食，也能當作蔬菜烹煮，或是乾燥後加入湯或醬料中增加稠度；新鮮的嫩枝則能當作蘆筍食用。在樹上成熟的碩大種莢內含有粉狀果肉，與水混合後能製成雪酪般的清涼飲料，或是揉進麵團裡製成麵包。種子可烘烤作為咖啡的替代品，或是榨油用於烹調。[3]蜜蜂會在猢猻木的樹枝上築巢，對膽子大敢爬樹的人來說是有名的蜂蜜來源。尋找花蜜的蝙蝠會為猢猻木上的白花授粉，然後這些花朵則又被行經的貪吃動物和鳥類吃掉。

在嚴重乾旱時，人們能在猢猻木上刻痕取水，並將其樹葉當成重要的家畜飼料。其樹皮能被剝取下來，除了作為製作繩子、網子與袋子的纖維來源外，也能嚼食以解渴。猢猻木就和軟木橡樹一樣，樹皮被剝除後還能重新生長。

猢猻木幾乎都不會長太高，但一棵周長超過10公尺（33英呎）的樹，有可能已活了2千年之久，長壽的程度與古老的歐洲紅豆杉不相上下。另外也有許多關於猢猻木的民間傳說，例如喝了泡過種子的水據說能避開鱷魚的攻擊；浸泡樹皮的泡劑據說能使男性變得強健有力；棲息在花朵上的神靈據說會懲罰那些採花的人。由此可見，猢猻木可說是非洲的自然與文化瑰寶。

賽勒族（Serer）的牧牛人正在採收
猢猻木的樹葉，用以餵養他的牛群。
地點在塞內加爾。

不可或缺的油橄欖
Olea europaea

地方名：OLIVA（拉丁語）；ELAÍA（古希臘語）

左圖

文森·梵谷，《黃色天空與烈日下的油橄欖樹》（*Olive Trees with Yellow Sky and Sun*），1889年。

下圖

油橄欖（品種為「曼薩尼約」〔Manzanillo〕），水彩畫，由美國農業部的植物插畫家羅耶·查爾斯·斯特德曼（Royal Charles Steadman）所繪，1917年。

次頁

克里特島的油橄欖樹園。

油橄欖與橄欖油是地中海料理不可或缺的食材，地位如此重要，以致油橄欖樹與其淺綠色果實儼然成為整個地中海文化的象徵，並以各種藝術形式加以頌揚，包括羅馬的馬賽克壁畫與梵谷充滿表現力的畫作。自公元前第3個千禧年起，油橄欖就一直不斷出現在文字記述中，而當時其價值早已遠高於中東的葡萄酒。在克諾索斯（Knossos），也就是克里特島（Crete）上的米諾斯王宮（Minoan palace complex）遺址所在地，考古挖掘出的陶板記載了早期油橄欖貿易的相關內容。[4]而即使在歐洲黑暗時代（Dark Age），英國的將領與基督教牧師仍設法用船從拜占庭進口這些珍貴的補給品。在過去的6千年間，具高度地方性與獨特性的油橄欖品種持續被發展出來；任何地方只要符合炎熱乾燥的生長條件，油橄欖就會被引進。個別樹木、小型樹林，以及山坡上的工業規模栽培，都顯示出油橄欖無所不在。油橄欖樹的高度幾乎不會超過15公尺（49英呎），其圓頂外形展現出低海拔樹木的共通特徵。常綠樹葉表面光亮，能減少水分流失；葉背則呈白色或非常淺的綠色，十分特別。年老的樹木、樹幹與主枝多瘤且潮濕，幾個世紀以來經綿羊與山羊磨蹭而變得光滑，獨具特色的外形遂演變成為當地的建築地標。有些甚至可能已活了2千年之久。

油橄欖品種的一大特徵是形態、習性與果實的變化豐富，而其基因雜合的傾向則令人既喪氣又興奮：如同蘋果，前代油橄欖的基因會隨機排列在後代的染色體上，也因此從種子生長而成的油橄欖樹很可能會與父母相差甚遠。大多數的油橄欖樹都是由扦插或壓條的方式嫁接繁殖。

香氣濃郁刺鼻的橄欖油傳統上是用石磨將油橄欖碾成泥，再以冷壓方式榨取油分。橄欖油曾一度用來作為燈油與潔膚油，然而，一直要到被當作是烹調油後，熱量高且富含維生素E、K與不飽和脂肪的橄欖油才成為熱銷產品。極受推崇的地中海飲食據說能延年益壽與提升活力，而橄欖油則是地中海飲食中最主要的成分。經發酵的油橄欖能直接使用或加入各式菜餚中烹煮，而堅硬的油橄欖木材則因密度高與木紋花樣豐富而深受木匠青睞。

沒有什麼比得上樹番茄
Cyphomandra betacea

地方名：TAMATO TREE（「番茄樹」）；TOMATE ANDIÑO；
CAXLAN PIX（瓜地馬拉）

樹番茄就如同馬鈴薯與可可豆，是失落的印加帝國所留下的產物。
在西班牙於十六世紀征服印加帝國前，數百年來，身為永續農業
（permaculture）譯註專家的印加人悉心設計與管理梯田耕作，而生長
於高海拔安地斯山脈的樹番茄則是其中一種基本作物。樹番茄是一
種根淺、外表不起眼的灌木，也是辣椒的遠親，高度幾乎不超過6公
尺（20英呎），而且很少活超過20年。不論是乾旱或積水，都會為
這種樹帶來壓力。

樹番茄藉由種子或扦插繁殖，僅生長1至2年後就具有繁殖力，芳香
且帶點桃紅的白色兩性花很快就能吸引授粉昆蟲上門。每一棵樹番
茄灌木都能產出大量甘甜多汁、外形近似李子的果實，並且能維持
十幾年的生產力。果實的外皮顏色包含黃色及鮮豔的櫻桃紅。

成熟果實食用或料理前的處理方式是將其切成兩半後挖出果肉。味
道隨品種不同而有所變化，有人形容像辣番茄醬，也有人說像杏或
芭樂。果實能生吃，或是稍微加點糖；另外，由於果膠含量高，做
成果醬也很適合。在原產地區，樹番茄經常用來與辣椒混合製成名
為「阿濟」（*aji*）的莎莎醬，在當地很受歡迎。樹番茄能打成果汁
或番茄糊，也能製成蜜餞或加進燉菜裡。這種水果富含鎂、鐵、鈣
質、維生素A和C，能提供維持生存所需的數種重要營養素。

一點也不令人意外的是，樹番茄的好處在全世界的亞熱帶地區被廣
為宣傳，如今種植範圍廣泛，包括喜馬拉雅山南面、西非、夏威夷
與紐西蘭（樹番茄就是在那裡以新創的字tamarillo正式命名）。就
科學與經濟效益而言，樹番茄引人關注之處在於它能抗蟲害，也具
有營養價值，能用於取代其他較不可靠的作物。[5] 高含量的花青素
和抗氧化物暗示著這種水果對自給自足社群來說，可能具有健康益
處；畢竟在那些社群中，只有少數幾種樹能為當地飲食增添顯著的
變化與營養。

香氣四溢的肉桂
Cinnamomum verum; C. zeylanicum

地方名：KAYU MANIS（斯里蘭卡）；KANEEL（荷蘭語）

肉桂是樟科的成員，與酪梨、樟樹都有親緣關係（肉桂根皮含有樟腦；見第85頁）。大約4千年以來，肉桂一直都是極具價值的交易商品，由航海商人從東南亞帶到埃及與中東後，作為高級食材的名聲逐漸傳入希臘與羅馬。

在中世紀期間，來自遠東的新奇事物激發了歐洲貴族的想像力；而在此同時，威尼斯壟斷了肉桂的進口。自16世紀起，歐洲為爭奪香料貿易的控制權而激烈競爭；而在這段期間內，英國與荷蘭的商人開始開發肉桂的商業潛能，並以大規模種植園的形式擴展肉桂樹的栽培。

肉桂能用來為美味的咖哩、糕點與節慶用紅酒增添風味。其樹皮能萃取出精油，而其漿果與乾燥處理的花朵則能用於烹飪。科學家針對肉桂樹各部位的化學組成進行分析，結果顯示當中含有一系列複雜的易揮發物質與油脂，[6]包括在羅勒、丁香、肉豆蔻與月桂葉上也會出現的丁香酚（eugenol），以及萃取出來為冰淇淋、口香糖與某些香水增添風味的肉桂醛（cinnamaldehyde）。如同許多其他的熱帶樹木，肉桂引來了製藥公司的關注：數種民俗療法會用肉桂樹皮治療發炎與胃部問題，並將其當作抗生素使用。

數個有親緣關係的品種能產出香氣濃郁的樹皮卷，也就是大家所知的肉桂棒；而在這當中以錫蘭肉桂（*C. verum*）栽培最為廣泛，尤其在斯里蘭卡更是普遍。肉桂樹為常綠小喬木，樹冠呈圓頂狀，高度可達10公尺（33英呎），船形淺綠樹葉搭配平行突起的淡黃色葉脈，顯得格外優雅。肉桂樹每隔2或3年就會以矮林作業促進分枝生長。肉桂棒的製作方式是先將肉桂樹的外樹皮剝除，接著錘打內樹皮使其變得鬆弛，然後趁還保有濕度時撬開。樹皮在變乾過程中會捲成卷形（或可說是管形），變身成世界上最具特色的香料。

St Johns Bread

38302
"Ceratonia Siliqua"
P. J. Wester
Miami
Dade Co. Fla.

D. G. Passmore
mayght
May 20"
1907

黃金的測量單位：長角豆
Ceratonia siliqua

地方名：KARRUB；HARUV；ST JOHN'S BREAD（「聖約翰的麵包」）；LOCUST-TREE（「蝗蟲樹」）；GOAT'S HORN（「山羊角」）

長角豆是具有多重功能的奇妙產物：不僅是「木材行」，也是地中海與中東廚師的「食品儲藏櫃」；此外，除了能藉由豆類的固氮能力使土壤更肥沃，對小農與園藝家來說，也是一種能忍受乾旱的常綠樹籬。

長角豆的種子儘管在其他方面較不起眼，然而在歷史上卻佔有特殊地位。長角豆種子曾一度常見於地中海盆地附近，加上大小非常一致，因此傳統上被黃金商人當作是一種測重單位。24顆長角豆種子後來演變成為羅馬金幣「索利鐸斯」（*solitus*）的標準重量——而這就是為什麼24克拉（carob或carat）代表100%純金以及眾所周知的高品質。如今已標準化的一克拉代表的是0.2公克的純金，12克拉則是50%的純金。

長角豆樹會生長到與橄欖樹差不多的大小與外型，而這兩者在地理上的分布也大多一致。容易辨別的深褐色光亮豆莢每年會成熟一次，不是在雌樹上就是在兩性樹上。長角豆樹在生長8至10年後會變得有生產力，並且在大約第25年成熟。長角豆普遍具抗蟲性，而且就像其他豆科植物，有可能經由其分布廣的根部系統固定住大氣中的氮，藉以提升土壤的肥沃度。

長角豆至少4千年來都經人廣泛栽培並以種子繁殖，種植目的主要是為了取得豆莢，而豆莢成熟需要花一年的時間。在一年一度的收成期間，豆莢會以長杆打落樹枝，此時樹上仍開著花。豆莢經乾燥並移除珍貴的果肉後，磨成粉末可加進食物中調味，或是製成甜甜的糖漿。長角豆粉味道近似巧克力，但不含對某些哺乳類有害的咖啡因與可可鹼（theobromine），因此常作為巧克力的替代品。長角豆粉也是營養豐富的動物飼料，內含澱粉、蛋白質、葡萄糖及數種重要的維生素，但幾乎不含油脂。[7] 用壓碎和烘烤過的長角豆所製成的豆膠能用來作為增稠劑、麩質替代品及冰淇淋穩定劑。長角豆樹的木材堅硬且密度高，適合做為家用燃料，也能用來雕刻裝飾品與製作家具。

36163
Avocado
Mrs. P. H. Rolfs
Miami
Dade Co. Fla.
7-2-'06

A. A. Newton
7-3-06

酪梨
Persea americana

地方名：AHUACAQUAHUITL（納瓦特爾語）；AGUACATE（西班牙語）；ALLIGATOR PEAR TREE（「鱷魚梨樹」）

左圖

成熟的酪梨果實，水彩畫，由美國植物藝術家亞曼達・阿爾維拉・牛頓（Amanda Alvira Newton）所繪，1906年。

下圖

結實纍纍的酪梨樹。

民族植物學家對那些歸化歷史已無法追溯的有用植物深感著迷，特別是它們的起源。這些學者用「栽培種」（cultigen）一詞指稱這些樹，而酪梨是其中的一員。酪梨有可能原產於墨西哥的特瓦坎谷地（Tehuacán Valley），數千年來經人工栽培，在阿茲特克之前的原住民飲食文化中佔有一席之地。考古學家在源自九千至一萬年前的卡克斯凱特蘭洞穴（Coxcatlan Cave）中，發現了埋藏在沉積物中的酪梨籽化石；而一種名為「克里歐拉」（criolla）的古老半野生酪梨品種，如今亦仍種植於中南美洲。在酪梨具商業價值的地區，特別是加州、墨西哥與瓜地馬拉，栽培品種會根據味道及是否能適應當地土壤氣候來進行挑選。

酪梨的滑順口感與濃郁風味受人喜愛，因而得以遍布於前哥倫布時期（pre-Columbian）的阿茲特克、馬雅與印加帝國（當時是以難以發音ahuacaquahuitl一字稱呼酪梨）。這些地方一向溫暖無風，適合栽種酪梨。16世紀初的西班牙探險家曾寫信回家，向家鄉的人描述這種植物；而英語化的酪梨名稱avocado則是由同為博物學家與收藏家的漢斯・斯隆杜撰而來，最初出現在1696年的一本牙買加植物名錄中。[8]

酪梨有可能長到20公尺（66英呎）的驚人高度。具蠟質表面的常綠卵形樹葉十分有特色，表皮如爬蟲類一般的深綠果實更是一眼就能認出。酪梨能從種子生長，這點學校課本應該都教過；然而為了確保商業種植的尺寸、品質與數量都一致，酪梨通常是以嫁接的方式移植到堅硬的砧木上。

酪梨在採收後才會變熟，如今全球的消費量成長驚人。作為墨西哥料理的主食，酪梨不管是做成鹹食或甜點都可；一般吃法是做成新鮮沙拉（搭配洋茴香之類的香菜），或是製成莎莎醬。酪梨不僅含有豐富的礦物質與維生素A、D和E，[9]油脂含量也非常高，這點對吃素的人來說非常重要。酪梨油是用果肉和籽榨取而來，內含植物固醇（phytosterol），以致發煙點高，是製作肥皂與乳液的一種原料。將酪梨樹砍倒後取得的木材則能用於製作家具和木雕裝飾品。

印度咖哩葉
Murraya koenigii

地方名：SWEET NEEM（「甜楝樹」）；KARRI PATTHA（印度、斯里蘭卡）

優美的印度咖哩樹是矮小卻枝葉茂密的灌木，也是柑橘類植物的親戚，會釋放出一種獨特香味，令人立刻就能聯想到印度南部與斯里蘭卡的料理。不過這種樹在東南亞與遙遠的尼泊爾也很重要。咖哩葉之所以能賦予料理如此特殊的香氣與風味，是因為其所提煉出的精油含有檜烯（sabinene，亦存在於黑胡椒、挪威雲杉與肉豆蔻之中）、石竹烯（caryphyllene，亦存在於丁香與羅勒之中），以及杜松烯（cadinene）——杜松焦油（最初是在某種杜松木上發現）的香味來源。

咖哩葉能直接使用，也可乾燥處理或磨成粉末（容易造成混淆的是，商店裡賣的咖哩粉並不是磨成粉的咖哩葉，而是混合了數種香料所製作而成）。咖哩葉之於印度料理，就如同月桂葉之於地中海料理：在每間廚房與餐廳的香料櫃中都是必備材料。扁豆糊、馬德拉斯咖哩與咖哩肉湯是最常見的幾種應用料理。其葉片（咖哩葉的莖也有作用，但在這裡不需要用到）一般以研磨方式處理，有時也會先用油快炒，再加入其他食材。

除了能用來調味外，咖哩葉也含有維生素A、B2、C與重要的微量元素，包括鐵、鋅、鈣與銅。咖哩葉已經證實能穩定血糖，另外也有人認為它們對於治療糖尿病有顯著的效果。[10]新鮮的綠葉經食用後能減緩痢疾與噁心的症狀，特別是針對懷孕期間的晨吐。從咖哩葉萃取出的油分則能用於製作肥皂。

咖哩樹的樹皮與樹根能用來治療皮膚問題與有毒的咬傷。深紅色或黑色的果實也能食用，味道近似胡椒，打成果漿與萊姆汁混合後，能用來舒緩蟲咬後的痛癢。

漿果、綠葉與芬芳的成簇白花使咖哩樹成為迷人的觀賞植物，適合種植於小型庭園中。咖哩樹能輕易以根蘗繁殖，但這也表示若不加以控制就會具侵略性。

Plate V.

Page 383

COFFEA *Arabica*

A   *S. Taylor Pinx.*   B   C   D   F   G   H   E   *I. Miller Sc.*

咖啡
Coffea arabica; C. canephora/robusta

地方名：BUNA（衣索比亞）

咖啡樹是一種原產於非洲與亞州、結有紅色果實的小灌木。大自然供應全世界共124種咖啡。在2016年至2017年間，人類消費了超過15萬袋重達60公斤的咖啡豆，[11]而這些咖啡豆僅來自其中的兩個品種。這兩種咖啡都源自衣索比亞的高山雨林，也都栽培於全球的熱帶地區。第一筆與消費咖啡豆（嚴格地說是種子）有關的可靠記錄來自15世紀的葉門；當時，蘇非教派（Sufi）的信徒在冗長的宗教儀式中，會藉由喝咖啡來提神。歐洲的第一間咖啡館在1645年時在羅馬開張；英國牛津的女王巷咖啡館（Queen's Lane Coffee House）則是自1654年起營業至今。如同本書中的其他幾個栽培樹種，咖啡在美洲的殖民地奴隸交易中，亦背負著辱名。

令科學家日益擔憂的是，其他那122種咖啡的豐富遺傳多樣性（例如已發現的零咖啡因與自花授粉基因）會有喪失的危險，導致全世界嚴重仰賴另外那兩個受歡迎的栽培品種。[12]在潛在植物疾病、蟲害侵襲與氣候變遷的威脅下，咖啡樹顯得如此脆弱。如果這本書所展現的豐富多樣性能作為指引，那麼樹木在潛能被完全理解前就絕種的風險，應該顯而易見。羅布斯塔（*Coffea robusta*）佔全球綜合咖啡豆生產量的四成。此一品種主要栽培於越南，在1897年才剛被發掘，為咖啡的基因庫（genetic pool）帶來了抗蟲害與高產能的遺傳基因。而野生的羅布斯塔也可能具有相同的寶貴基因能予以貢獻。

咖啡樹通常會與其他作物並排種在一起，以提供遮蔭，或是栽培於蔬果農地。在每顆咖啡果實裡都有一對用來繁衍的種子。咖啡果實必須要在恰當的時機摘採，才能達到最佳效益，也因此至今通常仍以手工採收，並以機器去除果肉，然後加以乾燥（或是濕發酵後再乾燥處理），接著在準確的溫度下以準確的時間烘烤，以達到焦糖化並釋放澱粉（也就是咖啡中的糖分）。所有的消費者都知道，在最後成品中的咖啡因不僅是一種興奮劑，也能抑制食慾；不過，咖啡並不是只有咖啡因而已。

糖楓
Acer saccharum

地方名：ROCK MAPLE（「岩楓」）

北美糖楓是一種喜歡賣弄的樹，秋天時生意盎然的壯觀景緻美得令人屏息。此外，其著名之處在於能在極其寒冷的氣候裡生存，這種非凡的能力同時也是大自然嚴加守護的一個秘密。

高大（可達45公尺／148英呎）長壽的糖楓生活在涼爽的溫帶森林中，是洋桐槭（*Acer pseudoplatanus*）與田槭（*A. campestre*）的親戚。糖楓佔據了美國與加拿大邊境兩側的兩大林地，其獨特的淺裂五角形樹葉更是加拿大的象徵。除了樹葉的形狀，如直升機般的成對有翅種子也是與其他楓樹共同擁有的特色。

糖楓作為木材來源，能產出泛白的淺黃或粉紅色直紋木材，不僅容易劈開與加工，有時外形也很迷人。糖楓一般用來製作地板與家具；由於具有重量輕與共鳴佳的特質，因此也很適合用來製作小提琴與吉他的共鳴板以及鼓肚。

糖楓之所以能展現秋天的色彩與抵禦冬天的寒冷，主要關鍵就在於糖分。秋天時，糖分與礦物質會從樹葉循環到樹幹的維管束內儲存，留下一連串色彩鮮艷的化學物質，例如花青素與胡蘿蔔素；而在此同時，樹葉中的葉綠素則逐漸分解流失，直到樹葉掉落為止。樹的輸水導管在酷寒之際會結凍，到了春天融雪時則會留下氣室，進而阻斷吸附作用，使水分無法上升至葉片。這種情況很有可能會導致樹木死亡。然而楓樹和能適應寒冷氣候的樺樹一樣，有辦法在根部產生一種正向的內壓力（沒有人清楚是如何做到的），將含糖的樹液順著輸水導管向上輸送，進而擠壓掉氣室並恢復蒸散作用。含糖樹液的濃度是其中一個答案；副作用則是樹液積聚導致內壓力比外在的大氣壓力要大上許多。任何對樹皮的傷害，或是為取液而小心翼翼鑽進韌皮部的孔洞，都會導致樹液傾流而出。樹液的收集方式和乳膠一樣，接著要煮沸才能製作出著名的紅褐色香甜楓糖漿。40加侖（180公升）的樹液能製成一加侖的楓糖漿，不論是用來搭配甜點或經典美式鬆餅都很受歡迎。楓糖漿也能以刻痕的方式從黑楓（*Acer nigrum*）和紅楓（*Acer rubrum*）上取得。

畫家所愛之樹：扁桃

Prunus dulcis

地方名：GREEK NUTS（「希臘堅果」）；ALMENDRA（西班牙語）；AMANDE（法語）

扁桃樹在冬天尾聲繁花盛開的畫面，很能振奮人心。在2月的加州，數十萬的蜂窩會被帶到扁桃樹園裡，以進行大規模授粉活動，而樹上的粉紅色花朵似乎也和諧一致地跟著擺動。對於梵谷等畫家而言，扁桃樹是難以抗拒的創作題材。

扁桃並非原產於美國，而是像蘋果和胡桃（見第3章）那樣從中亞和西南亞引進。其野生祖先（*Amygdalus communis*）生長於土壤乾旱的山區。[13] 到了公元前第2個千禧年中期，歸化的扁桃栽培品種優點在地中海地區已廣為人知——據說在《創世紀》中，雅各（Jacob）的兒子帶到埃及的其中一項禮物就是扁桃。當地有無數個具重大經濟價值的栽培品種俱從兩個主要品種（苦扁桃與甜扁桃）所衍生。

儘管扁桃的近親桃子柔軟味甜果肉多，而扁桃本身則是又乾又硬，不過桃核並無法食用，而扁桃核卻是烹飪界的珍寶。在果實尚未成熟之際，扁桃核已能從果實與外殼中取出，並以糖漬的方式做成甜食。成熟的扁桃果實能直接食用。而扁桃經漂白後加入糖或蜂蜜輾壓成膏狀，能用來製作蛋糕上的扁桃糖霜，以及塔類甜點上的扁桃奶油，並且為許多知名的餅乾與點心增添風味。扁桃在印度是白咖哩醬（passanda sauce）的主要食材。扁桃奶油是用來代替花生醬的一種奢侈選擇，而扁桃也能用來替酒類調味，例如義大利的扁桃甜酒（amaretto）。用扁桃研磨而成的扁桃奶是能代替牛奶與豆漿的熱門素食選擇。扁桃油非常純淨，能用於技術作業上的應用，例如縫紉機。扁桃富含蛋白質、碳水化合物與單元不飽和脂肪，另外也擁有高含量的維生素B2與B3，以及礦物質錳、鎂、磷、鈣、銅與鐵，豐富的營養組合能為健康飲食提供能量。

扁桃樹高度能達約10公尺（33英呎），大約在第4年開始結果，並在接下來的12至20年間逐漸增加生產量。

文森·梵谷，《扁桃花開》
（*Almond Blossom*），普羅旺
斯地區聖雷米（Saint-Rémy-de-
Provence），1890年。

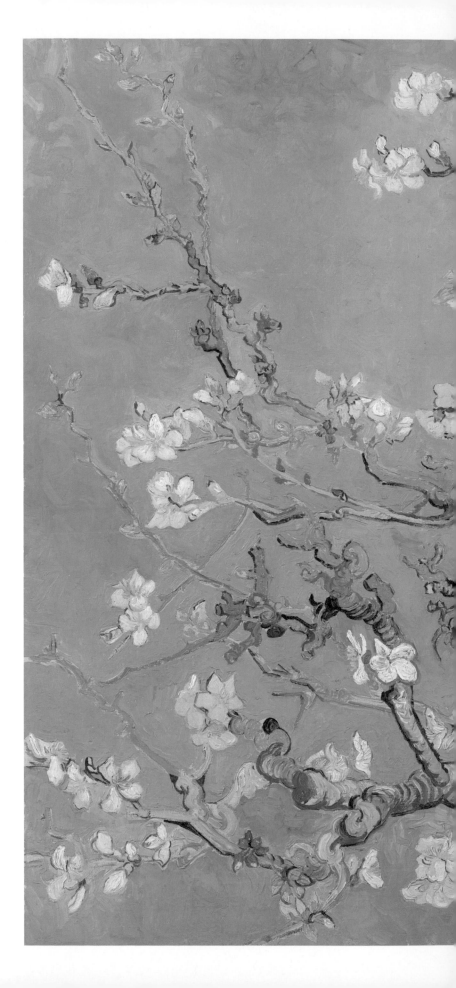

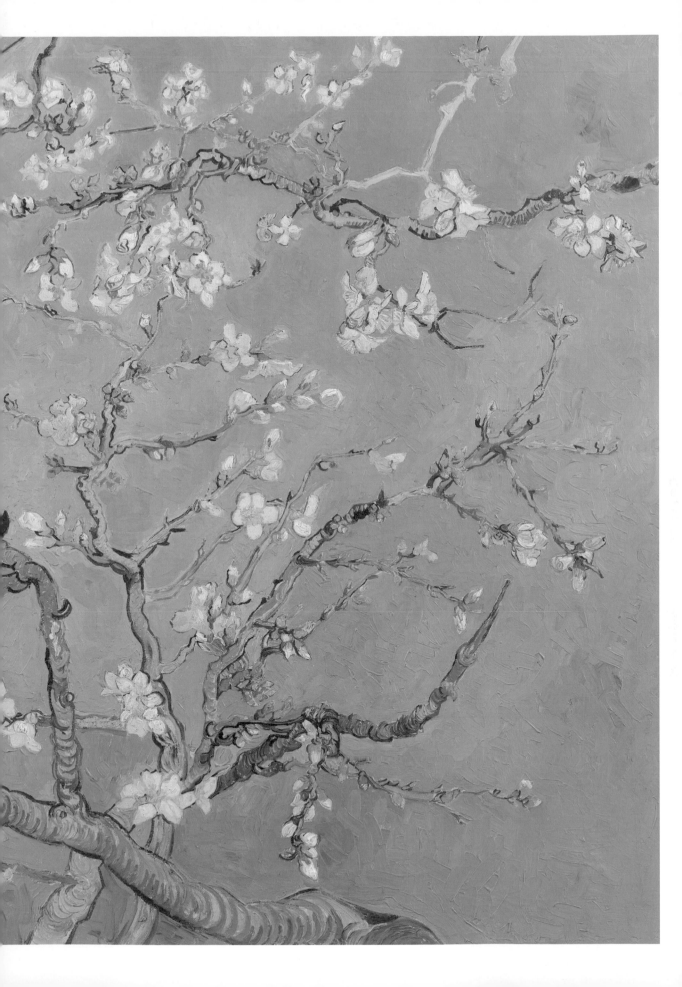

CHAPTER 5

超級樹

櫟樹　191

橙花破布子　195

椰棗　197

麵包樹　201

歐洲赤松　205

尤加利樹　209

無脈相思樹　211

波羅蜜　215

白千層　217

可可椰子　219

痲瘋樹　223

娑羅樹　225

摩洛哥堅果樹　227

超級樹需要具備哪些條件？看法因人而異，沒有確切答案。然而，不管是氣派的歐洲赤松、熱帶的可可椰子，還是結滿「羊」的摩洛哥堅果樹，都是具有豐富文化歷史的多功能樹：在維護自然與社會群落上，每一種樹都扮演著關鍵的角色。歐洲赤松與櫟樹在歐亞陸塊上形成了廣闊的極盛相林地（climax woodland）。珍重的木材樹種生態極其複雜，同時是許多神話故事與仰慕藝術家的靈感來源。除了益處良多又深受喜愛，這些樹不論是以個體或整片樹林而言，都對自然景觀影響深遠；它們在遺傳與行為上表現多元，並且支撐著廣大的昆蟲與鳥類群聚。

超級樹不僅表現出3億年的演化與有性生殖所帶來的多樣性，也令我們對於大自然的奧妙更感驚奇：難以想像這些樹木如此多變的外形、大小、材質、習性與用處，竟是衍生自再簡單不過的幾樣組成要素，例如水、陽光、二氧化碳以及少數微量礦物質。人類在開發利用上的巧思在此也值得讚揚，其所面臨的挑戰包括採摘離地面30公尺高的椰子，以及與問題船員一起用木船運送麵包果幼苗橫跨半球。另一方面，人類探索與開發樹木的慾望也導致全球生物多樣性面臨緊縮危機，甚至造成許多古老樹種滅絕。大自然正冷眼看著人類持續對環境進行破壞測試。

本章中的某些樹可能會引起爭議，因為它們為某些人帶來了孕育生命的奇蹟，但也為某些人帶來了錯誤期望，以為能就此解決土地管理與碳捕捉（carbon capture）的全球環境危機。其中有數種樹雖然以果實碩大醒目且珍貴而著稱，不過它們所帶來的益處遠大於此：不論是重量破紀錄的波羅蜜或是優雅的椰棗，都出乎意料地用途廣泛與貢獻良多。其他的樹則在歷史上扮演著重要的小角色──例如太平洋麵包果樹，儘管木材與口感似麵粉的果實都很有價值，卻捲入了不怎麼光彩但又引人入勝的1789年邦蒂號叛變事件。一段與可可椰子有關的小插曲出現在《一千零一夜》（*Arabian Nights*）的故事中；尤加利樹在澳洲內地成為了傳奇的「試金石」，能用

左圖

在巨大的尤加利樹樹幹襯托下，樹下的一群獵人顯得十分矮小；木刻版畫，約1867年。

上圖

以可可椰子棕櫚葉製成的海灘涼亭草編屋頂，地點在巴西的薩爾瓦多（Salvador）。

來判斷地底是否有黃金；佛祖則據說是在兩棵娑羅樹的樹蔭下逝世。在這些超級樹中有1至2種是嚴格保守的秘密，既不引人注目，在重用其價值的社群之外也不有名。不論是宛如跨海英雄阿爾戈（Argonaut）的橙花破布子，或是無脈相思樹，都不過是矮小的灌木，但它們適應力強，生產力也高，是珍貴的社會與經濟資產。在摩洛哥境內自然環境脆弱的大西洋沿岸平原，摩洛哥堅果樹是當地重要且受保護的瑰寶，除了能結出堪稱最奇特的果實，也提醒著我們，人類並不是唯一一種與樹木關係緊密的生物。

總歸來說，超級樹概括了世界各地人與樹之間充滿活力、經常深情、有時過分務實的關係。如此豐富的文化夥伴關係（有些古老到難以追溯起源）甚至衍生出「栽培種」一詞——由民族植物學家所創的專有名詞，用來描述那些在人類歷史有辦法留下記錄前，就已歸化或經人工栽培的樹木。這些關係不僅象徵著一段持久的情誼，也期許著我們未來能作為地球的守護者，為自然環境貢獻己力。

貴族般的櫟樹
Quercus robur; Q. petraea and spp.

地方名：ENGLISH OAK（「英國櫟樹」）；CHÊNE（法語）；
ROBLE（西班牙語）

左圖

有梗櫟樹的葉、花、細枝與橡實：仿自古斯塔夫‧亨普爾與卡爾‧威廉的植物插畫，1889年。

下圖

原上的一棵老櫟樹，地點在英格蘭湖區（Lake District）坎布里亞郡（Cumbria）的格倫里丁（Glenridding）。

櫟樹是北半球的優勢林木，有自成一格的生態系統，在各式各樣的生態環境中都是關鍵物種。櫟樹也是國力與民族性的象徵。全世界有超過6百種櫟樹，其中以中國、北美和墨西哥的種類最為豐富。在歐洲，落葉性的夏櫟（*Quercus robur*，又稱「英國櫟樹」或「有梗櫟樹」）與無梗花櫟（*Q. petraea*）佔絕對優勢，但栓皮櫟樹（*Q. suber*，見第1章）與冬青櫟樹（*Q. ilex*）有時在較南方的地中海氣候區會形成常綠樹林。

櫟樹能生長到很大的歲數與高度——在歐洲國家甚至可見樹齡超過1千年的樹種。它們支撐著龐大數量的昆蟲與鳥類，與其他樹木及地表植物形成互惠關係，並且能用化學警告訊號溝通：在遭遇嚴重蟲害時會釋放汽化的單寧。櫟樹木材具極佳的強度與韌性，因而受到重用。傳統上，櫟樹在仍未成熟時就會被砍下並鋸成木材；在用於建造出某個成品後，木材才會逐漸變乾，並隨年歲增長而變硬。大型且格局複雜的皇宮、大廳與船艦十分仰賴櫟樹作為建材。用於發酵啤酒、葡萄酒與威士忌的櫟木桶促使製桶業自中世紀起，

具深縱溝紋的櫟樹樹皮：是樹木的保護機制，也是許多無脊椎動物的家。

右圖

古老的櫟樹林地，位於英格蘭西南部德文郡（Devon）的達特穆爾（Dartmoor）。

便開始大規模與廣泛地發展。在櫟樹細枝上形成的蟲癭經加工處理後，能製成一種永久性的黑色墨水，用在《林迪斯法恩福音書》（Lindisfarne Gospels）這類的手稿上書寫。為了生產出上好的木材，一般通常會讓櫟樹生長到100至150歲待其熟成；但許多地區的櫟樹林地會施行矮林作業，每隔20年左右修剪一次，以定期收成營建用的櫟木柱。在含有古英文字首ac的地名中，許多都反映出該地在過去曾是著名的櫟樹或櫟樹林所在地。自然風景中若是少了櫟樹，實在令人難以想像。

鳥類（特別是松鴉）喜歡收集橡實；每到秋天，大量埋藏於地底的橡實就會迅速發芽，不過某些地區的櫟樹再生數量下降，還是令人擔憂。橡實和山毛櫸堅果一樣，傳統上用於餵養放牧豬群使其增肥，以利於冬天時宰殺。雖然冬青櫟的橡實可以食用，不過對人來說，除非將上面的毒素完全清除，否則大多數的橡實都不怎麼好吃。櫟樹樹皮極具價值，因其富含單寧，能用於皮革鞣製。櫟樹在遺傳上多元且容易雜交；即便如此，數種疾病與害蟲，特別是流行於英國的「急性櫟樹衰退病」（Acute Oak Decline），在許多地方仍威脅到櫟樹的族群數量。

跨海英雄阿爾戈：橙花破布子
Cordia subcordata

地方名：KEROSENE（「煤油」）；SEA TRUMPET（「海喇叭」）；ISLAND WALNUT（「島胡桃」）；NAWANAWA（斐濟語）；KALIMASADA（爪哇語）

非洲、澳洲、亞洲沿岸地區、印度洋與太平洋島嶼的工匠對於多功能的橙花破布子木材都十分熟悉。從橙花破布子的分布來看，海洋也是這種樹木的繁殖媒介；其具浮力的種子能在乘著洋流漂移數千英哩後發芽。

輕盈的木材略帶紫色，加上奇特的黑色條紋，易於加工成各種家用建造物，包括家具、樑柱、樂器、木槳與獨木舟。用這種木材雕刻而成的容器與用具不會玷汙食物。拋光後製成的木盒、裝飾品與紀念品極具價值，能為沿岸地區的居民帶來收入以維持生計，特別是在那些旅遊業發展蓬勃的地區。橙花破布子的木材容易燃燒，只要用兩根樹枝互相摩擦，就能生火。內樹皮的纖維能用來製作籃子、裙子、帽子和扇子。[1]

橙花破布子是一種生長快速且具遺傳多樣性的小型灌木，樹葉濃密，高度幾乎不會超過10公尺（33英呎）；由於具有低垂的樹枝與迷人的橙花，因此經常種來作為防風林與樹籬。耐鹽特性使橙花破布子在沿岸地區的保護作用逐漸受到重視；此外，一直以來也有證據顯示，這種樹木能去除土壤因石化製品汙染而產生的毒素。

芳香的橙色花朵經常用於編織花環，傳統上夏威夷島民會將這種花環當作贈禮。樹葉和樹皮能用於生產一種褐色或偏紅色的染劑，也能用來當作飼料餵養家豬。產量充裕的種子據說在饑荒時能當作食物充飢——但味道如何又是另一回事了。在環太平洋地區，橙花破布子就如同氏族圖騰般具有神聖意義。奇怪的是，這種樹木在熱帶的非洲本應適合廣泛栽培，然而卻未受到重用；混農林業者認為橙花破布子可能具有間作（intercropping）和先驅種（pioneer species）的價值，但也警告過度開發可能會導致這種樹木消失於當地。[2]

Eating Dates

Feeding Cattle on Date stones.

Palm Sunday

Drinking Arrack.

Mats and Baskets of Palm leaves.

Embryo

Date opened.

Date.

Using Palm wood.

椰棗
Phoenix dactylifera

地方名：MEDJOOL（摩洛哥）；DEGLET NOOR（阿爾及利亞）；ABID RAHIM（蘇丹）

在埃及、伊朗、阿爾及利亞以及阿拉伯與地中海地區的任一傳統市場裡，你會發現那裡有各種美味的椰棗小吃——有的能現吃，有的則用來煮成甜點。在中東國家的代表場景裡，少不了的就是高挺如柱的棕櫚莖，以及如煙火般放射、在炎熱沙漠中隨微風搖曳的綠棕櫚葉。

椰棗棕櫚是「栽培種」，長久以來（至少6千年）只有人工栽培及歸化品種為人所知，未曾有人發現過其野生祖先。從考古遺址復原的乾燥品種起源可追溯至公元前第2個千禧年。嚴格地說，椰棗棕櫚並不算是真正的樹（在充滿纖維的莖內沒有任何木質），但從許多層面來看，兩者特徵十分相似。椰棗棕櫚屬雌雄異株，雄花和雌花分別長在不同的棕櫚上，經常需要借助人工授粉方式，將雄花花粉傳播給雌樹。棕櫚上的椰棗結成一大簇，每一株都含有高達1千5百顆；而一株成熟且具生產力的棕櫚（歲數約大於5到8年）在連續60或70年間，每年都能產出60至70公斤的果實。[3] 椰棗以手工方式採收，富經驗的採果工人以腰帶作為輔助攀爬上樹，並使用一種特殊的鐮刀進行採集。富含鉀的椰棗經乾燥處理後能保存良好，是一道出口至世界各地的奢華甜點。椰棗含有對人體有益的微量礦物質，除了具輕微的通便作用外，據說用於治療呼吸道疾病也很有效。而為了追求甜味及特殊風味，許多栽培種也因而在當地被發展出來。

然而椰棗的用途不僅於此。其種子浸泡研磨後能作為動物的飼料；從莖部刻痕汲取的樹液能直接引用，或發酵製成高濃度的亞力酒（arrack）；樹葉除了在基督教的復活節節慶中具有重要的象徵意義，也能用來作為高效能的屋頂、圍籬與牆壁材料；樹葉與樹皮的纖維則能用來製作繩子、籃子、帽子與蓆子。儘管並非木質樹幹，但椰棗棕櫚的莖能防白蟻也夠堅硬，適合用於營建與作為燃料。此外，椰棗棕櫚也耐鹽，經常種來改善鹽化土壤。

FRUIT A PAIN

ARTOCARPUS *incisus. Lin. f. S. XXI. 1. ex Ellis et nat.* G. S. D.

物產豐富的麵包樹
Artocarpus altilis

地方名：KURU（庫克群島）；SUKUN（印尼）；UTO（斐濟）

在巴哈馬的阿巴科群島（Abaco islands）東緣、靠近加拿大霍普鎮（Hope Town）之處，一棵古老壯麗的大樹旁座落著一面牆，上頭的牌匾刻有下列這段文字：

這棵麵包樹是來自英國皇家海軍普羅維登斯號（HMS Providence）所運載的2126株樹苗之一，由威廉‧布萊（William Bligh）船長負責指揮，在他的第2次航行中（1791年至93年），將這些樹苗從大溪地運送至牙買加。他的第1次航行於1787年完成，結局是在邦蒂號叛變事件中損失了1015株樹苗。布萊船長帶往牙買加的樹苗被分送到加勒比海地區與美洲各地，因為當時的人認為麵包果可提供給移民作為主食。麵包果與馬鈴薯十分相似，能以水煮、烘焙、燒烤或油炸的方式料理。

麵包樹原產於紐幾內亞，很可能是由移居的船員運送至太平洋的偏遠島嶼。麵包樹能產出大量果實，其果實大小與葡萄柚一般，富含鉀、維生素C與碳水化合物。果實內通常無籽，因此麵包樹是以根插的方式進行繁殖。約瑟夫‧班克斯（Joseph Banks）是一名博物學家，曾陪同庫克船長於1768年至71年率領奮進號（HM Bark Endeavour）環球航行。他認為麵包果也許能用來餵飽那些因蔗糖貿易而被送往加勒比海地區的奴隸，於是在返回英格蘭後，他鼓勵並部分贊助了聲名狼藉的邦蒂號考察航行，而負責指揮的就是庫克船長的前航海指揮官威廉‧布萊上尉。[4] 儘管布萊的第一次航行是場災難，然而他還是順利在第二次航行中，將麵包樹的樹苗運送至西印度群島，使其在當地茂盛生長。諷刺的是，班克斯的計畫最終因當地奴隸不喜歡麵包果而宣告失敗。

即便如此，麵包樹還是有成為超級樹的資格。其木材輕盈且堅硬，能抵抗蛀船蟲與白蟻的侵襲，傳統上用於建造房屋與舷外浮桿獨木舟。此外，麵包樹也會產出一種乳膠，能用於設陷阱捕捉鳥類與填補木接榫的縫隙。麵包樹花朵經乾燥燃燒所產生的煙能有效驅蟲；樹葉能用來作為牲畜的飼料；木材則能用來製造紙漿。

ARTOCARPUS.

The Bread Fruit Tree.

London, Published as the Act directs, Sep. 3, 1796, by J. Wilkes.

J. Pass sculp.

歐洲赤松
Pinus sylvestris

地方名：PIN SAUVAGE（法語）；WALDKIEFER（德語）；
FURU（挪威語）

雄偉的歐洲赤松在北半球的歐亞大陸處處可見，範圍從愛爾蘭到俄羅斯東部，往南最遠可至西班牙北部。不論是在大片森林裡，或是獨自佇立在湖邊，這種引人注目的樹特色皆是以載滿針葉的羽狀分枝所形成的深綠色「雲團狀」樹冠，以及樹皮如鱗片般剝落的紅褐色樹幹。歐洲赤松自然會聚集在一處生長，除了使地面下的菌根菌能與之共生外，也能在通常很貧瘠的土壤中以糖分換取稀有礦物質與氮。這種樹木是在最後一次冰河期後進入北方土地的早期拓殖者，具有高度的遺傳多樣性，在冰積土中茁壯成長，並同時發揮穩定土壤的作用。歐洲赤松靠風授粉且屬雌雄同株（同一棵樹上有分開的雄球花與雌球花），在春天時會釋放大量黃色花粉，使順風處樹上的雌毬果得以受精，而毬果在秋天成熟時鱗片會裂開，裡面的種子是松貂、紅松鼠與數種鳥類愛吃的食物。

歐洲赤松高度可達將近45公尺（150英呎）。單一優型樹通常會發展出散形樹冠，不過也可能因海拔高度與暴露程度而呈現出不同形式。歐洲赤松耐寒，在海平面以上高達1千公尺處（3千3百英呎）也能茁壯成長。單一樹木有可能活到高達七百歲，而生長於較高海拔處、生長最為緩慢的樹種能產出特別優質、堅硬且易於運用的桃紅色調木材。這種木材樹脂含量高，做為燃料能燒得很旺。成熟的天然樹林，包括曾經廣闊的卡尼多尼亞森林（Caledonian forest）遺址，不僅維繫著許多鳥類與昆蟲的生命，較老樹木樹幹上的深溝紋亦能為其提供庇護。特化的地表植物（例如心葉鳥巢蘭）在這些珍貴的保護區中生長旺盛。

擁有筆直單一主幹的歐洲赤松以篩選過的種子進行人工栽培，以供給所需木材。它們生長快速，幼樹時一年能長半公尺（18英吋），對農田和新建的種植園而言是效果很好的防風林。歐洲赤松的木材「乾餾」作法（在隔絕空氣的條件下燃燒）曾一度廣泛施行，藉以製造出用來保護木材與船用繩索的焦油，並同時獲得松脂與木炭這些有用的副產品。歐洲赤松不僅創造出大規模的生物群系與棲息地，同時也是拓殖者與土壤穩定植物，再加上隨之而生的種種產物，作為超級樹的資格無庸置疑。

右圖

蘇格蘭塔拉湖畔（Loch Tulla）的歐洲赤松。

「樹」中自有黃金屋：
尤加利樹
Eucalyptus spp.

地方名：GUM（「膠樹」）；COOLIBAH（卡米拉瑞語）；
MOUNTAIN ASH（「山灰樹」）

從將近9百種現存的尤加利樹中，只挑出其中一種作為超級樹，那幾乎可說是沒抓到重點。尤加利樹是桉屬植物，隸屬於芬芳的桃金孃家族，是澳洲的代表性樹木，但如今在全球各地都能看到，包括世界上最高的開花植物：一棵名為「百夫長」（Centurion）的杏仁桉（*Eucalyptus regnans*），高達100.5公尺（330英呎）。某些尤加利樹的根深入地底，以致能吸收土壤的微量金礦，集結於葉片之中。[5]

尤加利樹通常生長十分迅速，也很耐旱。其樹葉、樹皮與木材皆具有高含量的複合精油，除了藥用價值外，也是助長叢林大火的一個重要關鍵。取自不同樹種（特別是藍膠尤加利〔E. globulus〕）的精油不僅能作為溶劑、抗菌劑和驅蟲劑，也能製成香精。澳洲新南威爾斯洲著名的藍山（Blue Mountains）據說之所以呈現如此色彩，是因為山上尤加利樹森林所釋放的異戊二烯（isoprene）薄霧所致。[6]

早在庫克船長的博物學家班克斯爵士將尤加利樹帶回歐洲前，澳洲的原住民就已經對這些樹的用途有著深入了解。尤加利樹據說佔據了澳洲約9千2百萬公頃（將近2億3千萬英畝）的土地，且每一個樹種都有自己所適應的特定環境條件。受其花粉所吸引的蜜蜂會製造出一種深琥珀色的蜂蜜；而這些樹的所有部分都能用來生產染料。被白蟻蛀空的小樹莖能用來製作一種名為「迪吉里杜」的傳統管樂器。澳洲膠樹（coolibah，學名為小套桉〔E. microtheca〕）的種子可食用；過狩獵採集生活的原住民則會收集與飲用一種他們稱為lerp的蜜液，那是昆蟲存放於葉片上的分泌物，作用是餵養與保護幼蟲。

尤加利樹因生長快速而極具價值。大多數尤加利樹的栽種目的是用來製作紙漿、燃料、木炭與圍籬樁。由於尤加利樹的栽種範圍廣泛，也因此古老尤加利林分的維護引起了相當大的關注，因為這些林分為無尾熊與負鼠等動物、許多飛蛾的幼蟲及其他的授粉昆蟲，提供了重要的生態系統。然而，在美國、非洲和其他地區，大規模種植則對當地原有的物種與生物群系造成了負面的衝擊。

無脈相思樹
Acacia aneura

地方名：MULGA WATTLE；BOONAROO（澳洲）

左圖

座落於沙漠岩壁上的無脈相思樹，
地點在澳洲北領地的史丹利裂縫
（Standley Chasm）。

下圖

無脈相思樹能形成樹叢繁盛的林地，
但獨自生長也同樣快活。

次頁

無脈相思樹的原生地荒涼中帶有原始
之美，地點在澳洲北領地南部的桑德
山（Mount Sonder）。

任何成功拓殖澳洲沙漠的植物想必都很頑強，而且具有極佳的韌性與適應力。枝幹無刺的無脈相思樹並沒有真正的樹葉，而是會長出扁平、皮厚的針狀葉柄，又稱為「假葉」（phyllode）。披覆在假葉表面上的細小絨毛豎立生長，以盡量減少水分因正午豔陽而流失。在極其乾旱的時期，這些假葉則會掉落，一來能預防水分流失，二來也能作為護根層，保護樹底下的土壤。一般植物的葉片上具有氣孔，除了能用來呼吸，也能與外界交換氣體；大多數的樹木氣孔都是分布在樹葉的下表皮，然而無脈相思樹的微小氣孔則是隱藏於葉片絨毛之中。

無脈相思樹有時會長成灌木，有時則能長成高達15公尺（49英呎）的喬木。無脈相思樹能將接收到的極少雨量，向下輸送至樹幹基部旁接近固氮深根的土壤內，使土壤穩定肥沃。相思樹的林地與矮樹叢是遍及澳洲大多數地區的重要灌木生產地，通常能見於季節性的河床附近和斜坡山脊上。其種子平時呈休眠狀態，直到林火發生才會促發萌芽（這種過程稱為「延遲開放」〔serotiny〕）；不過母樹在火災中無法倖存，被砍伐後也無法復原。

數萬年來，如此關鍵的植物持續被同樣頑強堅韌的澳洲原住民開發利用。不過這種情形或許不令人意外。他們用深紅褐色的木材建蓋遮蔽處以及作為木柴，或是製作原始的木鏟、木矛、棍棒、投矛器與迴力鏢。歐洲移民在開墾大範圍的灌木生產地時，發現這種木材也很適合用來製作圍籬、家具與木雕藝品，以及用車床旋削加工。從過去到現在，無脈相思樹的假葉都是放牧動物與家畜一整年來珍貴的營養來源。葉片上的蟲癭是澳洲狩獵採集原住民的傳統叢林食物（bush-tucker），而從樹枝滲出的樹膠則被當作是甜食和有用的黏著劑。種子可磨成粉末作為食材。經蜜蜂採集而成的花蜜能提供覓食族群另一個重要的營養來源。無脈相思樹、澳洲沙漠與當地原住民似乎是完美搭配的一個組合。

Fig. 3.

A a transverse section of the Jake fruit.
B The seed.
C The seed surrounded with Pulp —

全能的波羅蜜
Artocarpus heterophyllus

地方名：JACA（葡萄牙語、西班牙語）；CHAKKA（馬拉雅拉姆語）；NANGKA（印尼語）

左圖

由18世紀藝術家詹姆斯・克爾（James Kerr）所繪的植物插畫，顯示出波羅蜜果實內部的樣子。

下圖

從樹幹生長出來的波羅蜜果實，位於孟加拉西部的莫蒂哈里（Motihar）。

在世界上最有用的樹木之中，波羅蜜穩坐高位。在數千年前成為歸化種後，波羅蜜吸引了羅馬自然歷史學家老普林尼的注意，而在17世紀時，喜歡上波羅蜜的耶穌會傳教士也將其特徵描述記錄下來。波羅蜜栽種於東南亞、非洲、加勒比海地區、南美洲和夏威夷群島，屬熱帶常綠植物，高度可達25公尺（80英呎）。波羅蜜能生產出世界上最大的果實——目前紀錄的保持者是重達64公斤（144磅）的波羅蜜果實，來自其原產地印度的喀拉拉邦（Kerala）。[7] 波羅蜜能產出乳膠，其木材具抗白蟻特性，能用來製作家具、木桶、樂器和佛像，也能用來建造房屋。在印度的宗教儀式中，以波羅蜜木材製成的橢圓形雕飾木板被用來當作是祭司的座椅。其心材能提煉出一種染料，用於為僧袍染色；其樹葉則能作為飼料，用來餵養家畜。波羅蜜的果實據說具有多種醫療功效，例如能作為收斂劑、消炎藥與抗氧化劑，不過某些較誇大的宣稱療效似乎缺乏科學佐證。

如同與其有親緣關係的麵包果，在眾多雜交種當中，波羅蜜以烹飪上作為多用途食材的角色最為耀眼。其果實直接生長於樹幹上又長又厚的莖上，剖半後看起來就像鳳梨，據說聞起來則像是鳳梨、香蕉、乳酪甚至洋蔥混合的味道。果實內的黃色假種皮能單獨從包覆其四周的果肉中挖出，質地飽滿且味道甜膩，是很受歡迎的甜點；半熟時則能作為咖哩的食材。市集攤販會將切片的波羅蜜果實當作點心販售，也經常和炸薯片一樣以油炸方式料理。無麩質的種子能磨成粉末，當作麵粉來使用，或是乾燥後直接食用。一顆果實中含有1百至5百粒種子。

波羅蜜果實富含鈣質、碳水化合物和其他有用的礦物質，也因此全球的混農林業專家將其視為熱帶自給農的重要維生作物，以及在間作與重新造林上具利用潛能的樹種。[8]

D   C   B   A

Melaleuca ericifolia

June 1. 1805. Published by Jaˢ Sowerby, London.

白千層
Melaleuca spp.

地方名：NIAOULI（卡納克語）；PUNK TREE（「龐克樹」，美國）；WEEPING PAPERBARK（「垂枝白千層」，澳洲）

若是詢問美國農業部的職員對白千層有何看法，他們一定會告訴你那是一種高侵略性的有害植物，當初為了使沼澤枯竭與穩定潮濕土壤而引進佛羅里達州，結果卻歸化得太過成功。然而，白千層屬（*Melaleuca*）的樹木與其原產地的文化有著密不可分的關係。白千層屬底下約有3百種樹木，原產於澳洲東岸、巴布亞紐幾內亞與新喀里多尼亞。白千層隸屬於桃金孃家族，特別耐旱與耐寒，也極能適應濕土環境。其葉片富含精油，木材防腐也防水，容易剝除的樹皮更是具有多種用途。白千層的栽種目的是為了提供遮蔭與作為掩護，其木材能用來製成圍籬樁、電話桿與拼花地板。[9]

在早期的照片中，可見原住民的遮蔽處經常以白千層樹皮覆蓋屋頂。薄薄的樹皮纖維不僅能用來作為爐灶、就寢區與庫拉曼（coolaman，多功能木製淺容器，側邊有雕刻裝飾，能用於盛裝任何物品，包括水、種子與水果，甚至能作為嬰兒搖籃）的襯墊，也能在浸溼後包裹烹煮易腐壞的食物。不斷剝落的樹皮是白千層抵抗火災的防禦機制，能迅速燃燒並從樹幹上掉落，接著在不久後就會有鮮綠的不定芽生長出來（直接從樹幹發芽）。白千層可活到1百歲左右，高度介於9至15公尺之間（30至50英呎）。

富含抗菌萜烯（terpene）的精油能以浸泡樹葉的方式萃取出來；其中，綠花白千層（*M. quinquenervia*）的精油傳統上用於緩解頭痛與感冒症狀，而複葉白千層（又名「澳洲茶樹」〔*M. alternifolia*〕）的樹葉則能用來生產茶樹油，儘管具毒性不能內服，效果也未經科學證實，然而仍舊以類似樟腦的氣味與治療皮膚問題的功效聞名於世。白千層的精油也可用於製作香精。

綠花白千層的花蜜能加水稀釋製成甜甜的飲料，而前來採蜜的蜜蜂則能產出一種風味強烈的琥珀色蜂蜜。果蝠、狐蝠、吸蜜鸚鵡及多種鳥類與昆蟲都受到白千層的花蜜所吸引。從各個層面來看，白千層可說是貨真價實的超級樹。

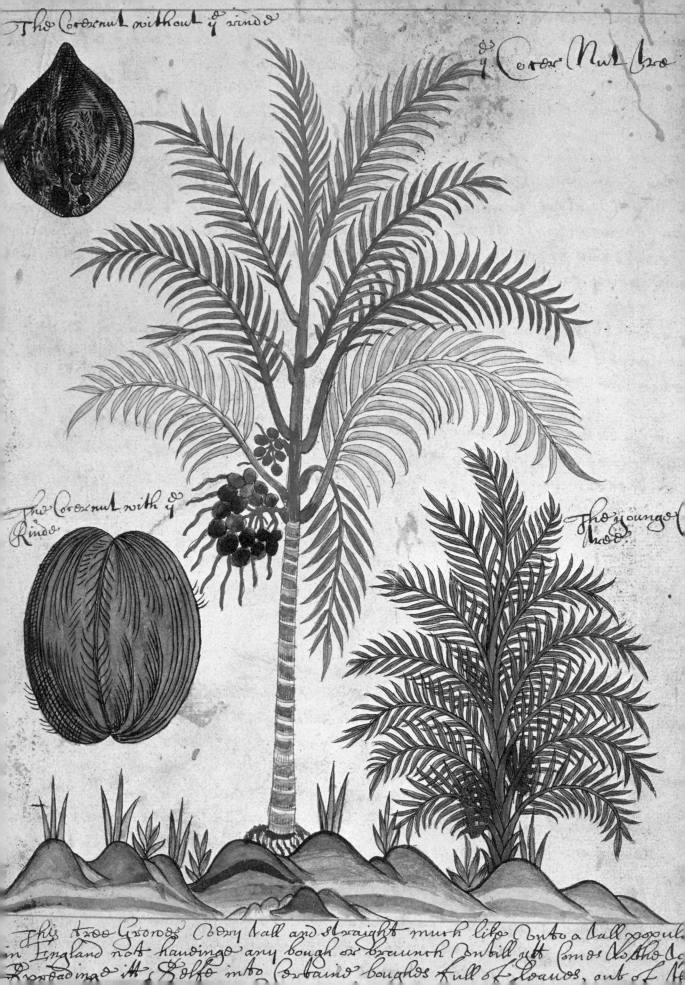

The Cocornut without ý rinde

ý Cocow Nut tree

The Cocornut with ý
Rinde

The younger
tree

This tree Growes very tall and straight much like vnto a tall popul
in England not hauinge any bough or braunch vntill vtt cmes vnto the t
Rproadinge itt selfe into certaine boughes full of cleaues out of

可可椰子
Cocos nucifera

地方名：NUX INDICA（拉丁語）；JAWZ HINDI（阿拉伯語）

在接近第5次航行的尾聲，阿拉伯傳奇英雄「水手辛巴達」（Sinbad the Sailor）遇到了一群友善的商人，並與他們一同去採可可椰子。但是長了可可椰子的棕櫚太高，樹幹也太平滑，似乎不可能爬上去。商人想到了另一個方法，就是向坐在棕櫚樹頂上嘰嘰喳喳的猿猴扔石頭；而猿猴也不甘示弱，不斷用可可椰子反擊，於是辛巴達和他的商人朋友大賺了一筆，用這些戰利品換得了來自香料群島、充滿異國風味的沉香木與胡椒。[10]

高聳的棕櫚點綴著原始純淨的海灘，羽毛狀的棕櫚葉在微風中搖擺——如此畫面令人聯想到赤道附近的加勒比海與澳洲海島。棕櫚的根系較淺，因此極能適應鹹鹹的空氣與薄薄的沙土。而頭顱般大小的可可椰子更是著名的環遊世界旅行家，除了靠洋流將它們帶往新地點外，早期的水手是更可靠的傳播媒介。

可可椰子以椰殼裡的椰肉與椰子汁聞名，而這一點都不為過。前者富含脂肪、蛋白質與礦物質——特別是錳、硒與磷。後者則是涼爽、熱量低且味道清甜的飲料。椰肉除了直接食用外，也能廣泛運用於料理中，為湯品、燉菜與甜點增添甜味，而以椰肉製成的椰奶則味道濃郁，能使咖哩變得濃稠。椰子油除了能用來炒菜與製作肥皂外，還具有醫療效用。可可椰子棕櫚能提供的還不只這些：其末梢嫩芽稱為「椰菜」（palm cabbage），是美味的佳餚，而椰子花叢所分泌的汁液稱為「椰花汁」（neera）或「棕櫚汁」（tody），可直接飲用或發酵製成酒。棕櫚葉則能用來蓋屋頂和織墊子。[11]

儘管有了辛巴達的證詞，然而採集椰子大多還是由富經驗且不懼高（高達30公尺／98英呎）的攀樹工進行；但在泰國和馬來西亞，有時會利用受過訓練的豬尾猴來做這項工作。包覆住椰殼的天然纖維（coir）能用來織蓆子和作為堆肥，而椰殼則能作為便利的容器與杯子。燃燒椰殼與椰纖產製的木炭不僅是有用的燃料，用來過濾水中雜質也很有效。棕櫚樹的「木材」能用來建造房屋、橋梁與小船。

Tab. 472.

Jatropha Curcas. L.

痳瘋樹：是超級樹⋯⋯還是雙面刃？
Jatropha curcas

左圖

痳瘋樹的細枝、樹葉、花朵與果實，插畫取自德國植物學家約翰尼斯‧佐恩（Johannes Zorn）共6冊的藥用植物研究，於1796年出版於阿姆斯特丹。

下圖

痳瘋樹的有毒樹葉。

最下方

痳瘋樹的果實。

地方名：BUBBLE BUSH（「泡泡灌木」）；PURGING NUT（「淨化堅果樹」）

痳瘋樹令人類陷入了兩難的窘境。對某些人來說，這是一種創造奇蹟的樹，所生產的油能用來解決全球的化石燃料危機。對其他人來說，這種高實用價值的樹等同於地方上的多功能五金商店，能供應燃料、照明、肥皂、染劑、亮光漆與老鼠藥。壓榨種子製成的油粕能作為有用的肥料，而樹葉則能作為柞蠶的食物。[12] 然而對某些持懷疑態度的人來說，將痳瘋樹看作是超級樹，這樣的想法就像是一把雙面刃。

毫無疑問的是，原產於中美洲與加勒比海的痳瘋樹因耐旱而易於栽種，如今也廣泛種植於世界各地的半乾旱地區。這種樹能輕易地藉由種子繁殖，生長成容易管理的灌木，高度可達6公尺（20英呎），在1至2年後就能靠種子產油，並且在長達30年以上的時間內，每公頃地的年產油量可達1至12噸。[13] 痳瘋樹能用來使受到汙染或耗竭的土地恢復健康，也能「綠化」埃及等國家的沙漠。

痳瘋樹的種子和樹葉對人類和牲畜來說有毒，但是從樹皮萃取出的乳膠含有痳瘋樹鹼（jatrophine），具有抗癌效果。痳瘋樹的種子油經證實可作為生質燃料，而民航機也已成功運用這種油作為航空燃油。在第二次世界大戰期間，印尼政府強制人民種植痳瘋樹，以製造工業潤滑油。於是難題來了。原油的替代方案本身就很吸引人，加上燃燒生質燃料所產生的碳應當能透過栽種植物而被等量吸收掉，這點更具優勢。而如果痳瘋樹只種植於不適合其他耕作活動的土地上，那麼大規模的栽培與加工似乎會帶來雙贏的局面——況且這樣的種植活動能為承受最多環境與社會壓力的特定地區，提供可觀的現金收入。另一方面，批評這項看法的人表示，在現實情況中，大範圍的森林砍伐（本身就是具多重影響力的生態事件），其實就是以回收快速的生物質栽培活動取代自給農業與當地生物多樣性，所造成的後果。關於生質燃料的爭議民眾自有公評，但痳瘋樹具有非凡的特質，這點無庸置疑。

娑羅樹
Shorea robusta

地方名：SAL（古吉拉特語）；SALA（阿薩姆語、印地語）

左圖

繁花盛開的娑羅樹，位於印度中部中央邦（Madhya Pradesh）的班達迦國家公園（Bandhavgarh national park）。

下圖

娑羅樹樹葉、花朵與種子的植物插畫，取自威廉·羅克斯堡（W. Roxburgh）的《科羅曼德海岸的植物》（*Plants of the Coast of Coromandel*），1819年。

「阿難（Ananda），請在娑羅雙樹的中間為我準備床鋪，並將床頭朝北。我累了，要躺下休息了。」這些是佛陀臨終前所說的話，當時大約是耶穌誕生的4百年前。據說當時並不是花季，但那棵娑羅雙樹卻突然開滿了花。印度教的傳統對娑羅樹也有所描繪，認為神聖樹林女神（Sarna Burhi）的棲息地也是娑羅樹林。

娑羅樹上盛開的是長有淺灰色絨毛的小花，花蕊為橘色，不過花期十分短暫——象徵著人的存在與巔峰期宛如曇花一現。這種高大、向外延展且習於叢生的常綠樹木高度可達35公尺（115英呎），在森林冠層中扮演著重要角色。大片的橢圓形樹葉生長繁茂，在印度北部與中國西南部的許多地區形成了連續的森林覆蓋。娑羅樹的種子成簇生長，與梣樹的種子相似，看起來就像羽毛球，掉落時會像螺旋槳般旋轉飛至地面。娑羅樹一向以高密度、持久耐用且富含單寧的木材著稱，其心材為深紅褐色，邊材則顏色較淡。這種木材能抗白蟻，雖然容易鋸開，但因為樹脂含量高而很難刨平或釘釘子。比起雕塑家，這種木材更適合工程師與房屋建築工使用，不過在地方上，為了生產標準化的筆直木柱以滿足各種住宅用途（包括圍籬與輕建築），娑羅樹會以強剪的方式促進生長。大片的蠟質樹葉除了適合用來遮擋季風降雨外，也被廣泛用來作為杯盤以及包裹食物；路過的反芻動物也會吃這些樹葉。

娑羅樹的樹脂又稱為lal dhuna，除了會從樹皮上的傷口滲出外，也能以刻痕方式取得以供商業所需。這種樹脂不僅能作為薰香，也能用來填補船板縫隙，以及作為治療痢疾與淋病的藥物。[14] 種子油能用來照明、烹調食物與改善皮膚問題，而種子本身則經常以水煮成粥，或是磨成粗粉作為食材。用種子壓製而成的籽粕富含澱粉、蛋白質與礦物質，有時會用來當作牲畜的飼料。如同許多其他具神聖地位的樹，娑羅樹在神話中之所以如此受人尊崇，或許是因為在原產地不僅實用價值高，更是處處可見：這如果不是神所賜予的禮物，那就是大自然的恩惠了。

奇異的果實：摩洛哥堅果樹
Argania spinosa

地方名：ARGAN（柏柏爾語）

左圖

一籃現採的摩洛哥堅果樹果實，位於摩洛哥的泰夫勞特（Tafraout）。

下圖

摩洛哥堅果樹的果實與堅果。

次頁

十幾隻山羊站在摩洛哥堅果樹上吃樹葉，位於摩洛哥。

在濱臨大西洋的摩洛哥沿岸森林中，摩洛哥堅果樹的多刺樹枝向外伸張；在夏末之際，樹上似乎長出了奇異的果實。當地人馴養的山羊不穩地站在細長樹枝上，心滿意足地吃著樹葉，彷彿周遭的世界與牠們無關。每年的這個時期，珍貴的摩洛哥堅果多半已掉落在地，並且被人收集起來；當地女性所組成的合作社負責將其壓榨成濃厚的堅果油，以取代橄欖油用於烹飪。

長壽的摩洛哥堅果樹具有適應力強且深入地底的根系：不僅耐旱，也能在貧瘠的土壤中茁壯成長。[15] 柔軟飽滿的果實未成熟時看起來就像巨大的橡實，能用來作為補充食物餵養牛與山羊。堅果用石頭敲碎後，裡面會有2至3顆種子，一般會以烘烤方式處理，並且加入少量的水以石磨研磨。製作完成的種子泥經擠壓後，就能萃取出富含維生素E的堅果油。13世紀時，阿拉伯的旅行家與植物學家伊本‧白塔爾（Ibn Al-Baytar）更發現這種堅果油兼具烹飪、醫療與美容用途。[16] 剩餘的種子泥能製成富含脂肪與蛋白質的籽粕。烘烤後的堅果能長久保存，在貧乏時期能作為重要的食物來源，以維持社群的生活。其花朵能引來野生蜜蜂在樹上築巢，並且生產蜂蜜。牛、山羊和駱駝會吃掉地面上未被撿走的果實，然後將種子排泄出來，不經意地幫助摩洛哥堅果樹繁衍後代。堅果的外殼能用來作為家用燃料。

摩洛哥堅果樹被認定為北非的關鍵物種，濃密的樹冠不僅能提供遮蔭、保護土壤，也能作為牲畜的食物來源。抗蟲蛀的木材能用於木作，或是作為木柴與木炭以供燃料所需，並且在地區性的現金經濟上扮演重要角色。摩洛哥堅果樹象徵著人類與野生生物之間的永續生態平衡，然而兩者間的合作關係十分脆弱——山羊的超載放牧必須要由管理員負責控管，而採集果實的權利也應透過家庭與族群習俗進行審慎協商。農民的伐林騰地活動無疑是一種威脅。目前在摩洛哥剩下大約8千平方公里的摩洛哥堅果樹森林，已成為聯合國教科文組織所指定的生物圈保護區；而商業種植園也已陸續設立於約旦、摩洛哥與以色列。

CHAPTER 6

地球保衛樹

田菁　235

辣木　237

東方烏檀　241

銀合歡　243

食用刺桐　245

紐西蘭貝殼杉　247

紅樹　251

落葉松　253

羅望子　257

白相思樹　259

南洋櫻　263

馬魯拉樹　265

本章所介紹的精選樹種（赤楊、沙棘與摩洛哥堅果樹或許也能包含在內）隸屬於特殊類別：就其與土地的關係以及對人類的特定價值而論，這些樹都很耐人尋味且意義重大。其中有許多樹是因為混農林業而開始受到全球矚目，而混農林業的特色之一就是強調植物的優勢互補。現代農業越來越趨向作物單一化，然而如此一來在作物歉收或市場失靈的情況下，將無法確保小型社群（特別是邊緣族群）能持續發展。在西方國家，常見的是將牲畜驅離林地、將菜地與果園隔開，以及將穀類與根莖類分開種植，不過這些刻意區隔其實是相當晚近才開始的作法。

在樸門永續農業設計或森林園藝（forest gardening）的傳統中，樹木、灌叢、蔬菜與穀物作為互惠合作的「同功群」（guild），不僅能增加產量，也能在提供更多飲食選項的情況下，仍舊維持土壤健康、穩定河堤與沙丘，以及保護更廣泛的生物群系。某些同功群甚至能淨化與恢復那些受工業廢棄物或鹽化影響的土壤，並且成為將沙漠開墾成農地的先驅。在世界各地有許多地方上發起的倡議，不是承續混農林業的傳統，就是重新開發相關技術，例如田籬間作（alley cropping）。而最近這20至30年來，成果可說是相當可觀與令人驚艷。

在2004年12月的印度洋海嘯過後，因蝦類養殖與木炭生產而消失的東南亞紅樹林引發了國際關注。而從乾旱與伐林對薩赫爾（Sahel）與撒哈拉以南非洲（sub-Saharan Africa）邊緣族群所造成的影響來看，過度仰賴少數幾種經濟作物不僅會導致土壤剝蝕、村落變窮，也會造成棲地流失與氣候變遷。

本章中的某些樹之所以特別，是因為它們具有適應力極佳的根系。以豆科植物為例，其根系能固定住大氣中的游離氮氣，並供給其他植物利用。某些樹與根菜類合作無間，不僅是因為它們的自然循環互補，也因為它們所提供的產物能平衡季節與疾病所造成的短缺，

伐木工與不久前被砍倒的考里樹，位於紐西蘭。

進而促進合作群體之間的關係。儘管這些樹當中有許多不論外型或大小都很普通，但它們對人類與自然生態之間的夥伴關係，卻發揮了重大價值。其他的樹則具有優秀的適應能力，能獨自在極端環境中茁壯成長，並且憑一己之力帶來穩定氣候、自然奇觀與大規模的生物群系。

在世界各地，當遠端的政府機關為實現某個宏大願景而負責策劃時，不論是以國家或區域為單位，重新種植樹木與重新設立森林的計畫通常都會以失敗收場；反倒是由食品製造商所組成的小型地方團體較容易成功。為了追求低成本、省勞力以及能重複利用的解決方案，後者所推動的計畫往往能迅速帶來微小的效益——本章中有數種樹木都展現出這樣的好處，特別是紅樹與白相思樹。

混農林業最重要的就是講求實際。一開始是以考量與養護土壤作為出發點，包括如何預防侵蝕、維持或提升養分與含水量、透過栽種數種植物以分散風險，以及發揮創意發掘哪些植物組合能互補互惠

下圖

泰國撒彭克隆頌楠國家公園（Tha Pom Khlong Song Nam National Park）的紅樹林。

（有時甚至是以令人意想不到的方式合作）。而這類的實驗經常從較古老的傳統中汲取所需，儘管在全球經濟成長的急流中，那些傳統的社會與經濟價值已遭人遺忘。通常只需要觀察良好實例與傾聽民間說法，就會發現有大量的地方與傳統知識可供利用。

有時在某一環境中所學到的經驗能成功外輸至其他國家，然而在其他情況下，環境後果（environmental consequence）往往未經過審慎評估——換句話說，一位農夫的奇蹟作物有可能是另一位農夫的有害植物。儘管如此，在我們與樹木共處的歷史中，透過全球混農林業運動所學到的知識與經驗，對未來的發展仍舊極其重要。

田菁
Sesbania sesban

地方名：RIVIERBOONTJIE（南非語）；SESABAN（阿拉伯語）；UMQUAMBUQWEQWE（祖魯語）

許多樹木世界的生態珍寶大小與外觀都很一般，與溫帶或熱帶森林中高聳的主林木相形之下，很容易遭到忽略。田菁原產於東非與中非北部，然而亦廣泛種植於在亞洲南部與澳洲。這種樹從外觀來看只是矮小的灌木，高度幾乎不超過7公尺（22英呎），經常自然生長於河岸上，特徵是呈人字形排列的複葉、喇叭形狀的黃色花朵，以及顯而易見的垂掛種莢——這些都顯示出田菁是會固氮的豆科植物，也是豌豆的親戚。

對自給農民而言，田菁的價值不僅是能改善土壤。這種樹生長快速，很能適應積水環境與週期性洪水，除了有助於維持河堤的穩定性，也能忍受含鹽的鹼性土壤。田菁一般種來提供遮蔭、作為防風林與間作植物，以及為混農林業製造綠肥。它能夠很快地從樹幹底部分支生長，在放牧條件糟的地區，為當地的牛、綿羊與山羊群生產充裕且富含蛋白質的飼料——不過奇怪的是，田菁的樹葉對雞來說有毒。其木材很適合用來作為燃料，既容易點燃，燒得很旺也不太會產生煙；用來製成木炭效果也很好。其花朵與種子都能食用。

田菁的纖維經採集後能編成繩索與漁網，樹皮與種子則都能製造一種有用的樹膠。新鮮的樹葉與樹根除了能用來治療蠍螫外，奈及利亞的豪薩族（Hausa）也會用它們來預防采采蠅感染牛群。原住民牧人相信用其樹葉製成的泡劑具有抗菌與抗癌功效。[1]

世界各地有太多在環境資源分配上處於邊緣的族群，他們所處的脆弱生態系統不論是對氣候的變幻莫測，或是對商業與工業利益所引起的地區性衝突與退化，都顯得難以招架。若是能將田菁這類的樹木與其他生存策略（subsistence strategy）結合，就能清楚劃分饑荒與維持生活之間的差異。而傳統的植物相關知識若是能以科學與投資作為後盾，或許就能打破平衡，使情勢利於那些最了解如何利用這類特殊植物的族群。

創造奇蹟的樹 : 辣木
Moringa oleifera

地方名：MLONGE（史瓦希利語）；MURUNGAI；DRUMSTICK（「鼓槌樹」）；HORSERADISH（「辣根樹」）

許多人聲稱不起眼但頑強堅韌的辣木——或稱「奇蹟之樹」——有眾多長處。某位作家甚至稱之為「樹幹上的超市」（supermarket on a trunk）。[2] 以辣木種莢磨成的辣木粉是販售於世界各地的超級食物。而同樣的那些種莢或許還掌握了淨化開發中國家供水的關鍵。

辣木一般為落葉樹，但在某些情況下可能會持續約一年不落葉。其外觀並不起眼，從來不會長到約12公尺（40英呎）以上，具開放式樹冠與低垂樹枝。在成簇的芳香白花盛開後，接著會結出外形如鼓槌般的細長種莢——這也就是「鼓槌樹」這個地方名的由來。辣木在高溫少雨的地區會顯得很有用：除了生長快速外，這種樹也能改善土壤，並且藉由種子或扦插輕易繁殖。在種植後的數年內，辣木就會變得極具生產力， 一棵成熟的樹甚至有可能在一季內產出1千個種莢。在印度，或許是因為在原生地的緣故，占地一公頃的辣木光是一季就能生產30噸的種莢，以及6噸富含維生素與礦物質的樹葉（味道有點像菠菜）。用種莢製成的油能用來作為營養補給品，以及化妝品與皮膚軟膏的原料。辣木種子營養價值高，除了能作為咖哩的主要食材，也能像堅果那樣經乾燥與烘烤後食用。辣木的樹根味道與辣根相似（另一個俗稱「辣根樹」的由來），能用來製成調味料，而樹皮、樹液、樹液與花朵則能用來製作傳統藥物。另外，樹皮也能用來製作紙漿。種子則含有能抗菌與殺菌的辣木素（pterygospermin）。

關於辣木的利用價值有許多相關的討論，包括在貧瘠環境中作為樹籬、永續糧食作物，及為其他植物提供營養的「保姆」，也能防止土地沙漠化。但辣木最重要的價值或許還是其籽粕的驚人功效，即有助於水源的除汙與淨化——這對開發中國家而言是預防疾病的關鍵。原產於東南亞的辣木如今也廣泛栽培於非洲與南美各地。

捕魚利器：東方烏檀
Nauclea orientalis

地方名：CHEESEWOOD（「乳酪木」）；EXPLORER'S TREE（「探險家之樹」）；KANLUANG（泰國）

左圖

東方烏檀的花序。

下圖

能麻痺魚類的東方烏檀樹皮。

假設你在澳洲北領地或印尼群島迷了路，在獨自一人且飢腸轆轆的情況下，若是對當地植物有充分的了解（即數千年來原住民活用的相關知識），將會對你大有好處。在深色蠟質樹葉的襯托下，東方烏檀的醒目球狀花簇或許是幫助你贏得魚肉大餐的最佳線索，因為這種樹的樹皮含有能麻痺魚類的毒素。刮下一塊黃褐色樹皮，將其扔進最近的池塘或溪流後，就能看到昏迷的魚浮上水面。接著只要生火烤魚來吃就行了。

從各方面來看，東方烏檀都是一種令人印象深刻的樹。其樹形高大，高度可達30公尺（98英呎），在開枝散葉形成散形或有時圓錐形的樹冠前，經常具有筆直的單一主幹。東方烏檀耐陰也耐洪，非常適合生長於熱帶低地森林中。此外，這種樹也是有助於土地新生（land reclamation）的先驅物種。

其樹葉在乾季延長時會掉落，葉面上分布著顯眼的黃色葉脈。其花朵能引來喜愛花蜜的昆蟲與鳥類，例如吸蜜鳥。其褐色的球狀聚合果味苦但可食用，不僅深受黃色擬黃鸝與狐蝠所愛，碾碎後也能製成傳統藥飲，用來治療腹瀉與發燒。東方烏檀的木材為迷人柔和的淡黃色，容易雕刻，也能抗白蟻，一般用於輕建築上，不過放在室外並不耐用。

東方烏檀之所以被命名為Leichhardt，是為了紀念神秘的德國探險家與博物學家路德維希·萊卡特（Ludwig Leichhardt，1813年至大約1848年）。他在澳洲內陸進行了3次大規模的考察之旅。在第二次旅行期間（1844年至1846年），他從昆士蘭橫跨內陸約3000英哩；就在大家都以為他已死去而放棄希望時，他成功現身於埃辛頓港（Port Essington）。而在第三次考察之旅於1846年結束後，因飢餓與發燒而受挫的他再度於1848年啟程，目標是跨越廣大的內陸沙漠，以抵達西澳的天鵝河（Swan River）。在這趟旅途中，他最後看到的是布里斯本以西約80英哩的達令山丘（Darling downs）。而他的遺體一直都未被尋獲。

銀合歡
Leucaena leucocephala

地方名：HUĀXCUAHUITL（納瓦特爾語）；JUMBIE BEAN（「惡靈豆」）；SUBABUL（印地語）；LUSINA（史瓦希利語）

東非的田菁與中南美洲的某種樹木極為相似；僅管那也是一種複葉呈人字形排列的多功能豆科植物，不過還是不乏詆毀的聲音。銀合歡成長快速，短短幾年內就能長到10至15公尺（33至49英呎）的高度，除了容易駢幹生長外，也能固定周遭土壤中的氮素。其樹葉能作為牲畜的飼料，木材能製成燃料、紙漿與木柱，樹根能當作藥物，樹皮則能產出單寧與染劑。這種樹可作為有效的防風林，另外也因為能當作香莢蘭的寄主植物，而廣泛種植於烏干達。[3] 其種莢可食用，尤其常見於東南亞與墨西哥飲食。

在乾季特別長的地區，銀合歡的樹葉對生活困難的牛群而言是無比重要的食物。這一點都不誇大——畢竟這可能關係到那些以牛群維生的社群，包括他們的生死與存續。在東非大裂谷（Rift Valley）曾進行實驗，藉以比較銀合歡與其他具飼料價值的有用樹木，結果顯示當銀合歡用來作為放牧牛群的飼料作物時，相較於許多其他的樹種，更能促使牛群產出較多的奶與肉，且差距十分顯著。[4] 銀合歡能迅速從種子生長，而種子則是靠動物、鳥類與水道自然傳播與受精。

然而，繁殖容易也導致銀合歡背負惡名，被視為是一種無法控制的入侵種。儘管這種樹明顯有其價值，但還是被列為全球前一百名有害植物之一。為了遏止銀合歡蔓延，南美洲採取生物防治（biological pest control）的作法。銀合歡的樹葉含有含羞草胺酸（amino acid mimosine），對某些非反芻動物來說有毒或難以消化。此外，銀合歡也容易遭受木蝨侵擊。

對地球而言評價有好有壞的樹有時也稱為「衝突樹」（conflict tree）。這些樹的地盤擴張與開發利用引發了各種質疑，而這些提問都與人類對環境的操控以及生物安全（bio-security）有關。針對每個藉由引進新物種而獲得的人類利益，大自然似乎找到了好辦法，以譴責那些干預其完美平衡機制的人。

食用刺桐
Erythrina edulis

地方名：BASUL（安地斯地區）；PISONAY（祕魯、阿根廷）；GUATO（厄瓜多）

在前哥倫布時期安地斯山脈的族群中，原住民知識與植物的開發利用已達到了高度複雜的地步。番茄、馬鈴薯與巧克力如今已是全球的主要食物；然而，在這些族群所種植的最有用植物當中，有許多都遭到輕忽，未被征服該地區的歐洲人充分利用，相對來說也很少吸引到科學界的關注。一直到最近數十年，才開始有更多研究學者認可這些多元的知識來源與栽培作法。[5]

在永續混農林業再度受到矚目的情況下，人們將注意力轉移到安地斯山脈的某種豆科樹木上，也就是食用刺桐。落葉性的食用刺桐高度可達約10公尺（33英呎），非常適合生長於高海拔的熱帶土地上。食用刺桐在開花時節很容易一眼就被認出，因其具有長牙形的鮮紅色花朵，以及之後長出並垂掛於枝頭的大型豆莢。除了能改善土壤外，食用刺桐也能生產食物，可說是一種奇蹟般的樹。

這種樹能藉由扦插、種子與嫁接而輕易繁殖，對於獨立的小農而言是一大優勢。在3至4年後，食用刺桐會開始開花並結出大量可食用的綠色大型豆莢。農民通常會等到豆莢成熟後才會採收。只要陽光充足，這些樹有可能保持生產力長達數十年之久。即使在下一個花季開始後，豆莢仍舊會在樹上，因此幾乎一年到頭都能採摘。食用刺桐的豆子味道甘甜且富含蛋白質，鉀含量也很高，必須以水煮的方式去除具毒性的生物鹼，之後可經乾燥研磨成豆子粉，以便存放供日後使用。營養科學家對食用刺桐豆子的抗氧化特性與其去除飲食中毒素的能力越來越感興趣。其豆莢、樹葉與煮過的豆子都能作為動物的食物來源。

食用刺桐從未被當作商業作物種植，但是對小型農民社群來說卻極具價值，因為在他們的生存策略中，食用刺桐是關鍵要素。這種具生產力的樹也被用來種植於咖啡樹之間，以提供遮蔭並用樹根固氮。除此之外，食用刺桐也能作為效果極佳的有刺樹籬，並在遭砍下後切割成木柴與小型木材。

紐西蘭貝殼杉
Agathis australis

地方名：KAURI（「考里松」，毛利語）

左圖

紐西蘭貝殼杉，位於昆士蘭的巴倫峽谷國家公園（Barron Gorge National Park）。

下圖

以手工方式鋸斷紐西蘭貝殼杉。

1835年12月24日，某位英國博物學家在他的日記中寫道：

> 稍早於正午時，威廉斯與戴維斯先生陪我走到鄰近森林的其中一區，目的是要帶我去看那著名的考里松。我測量了其中一棵樹，發現其根部以上的周長為31英呎……這些樹之所以引人注目，在於其光滑的圓柱形主幹能向上生長60甚至90英呎，且一路上直徑幾乎相等，也沒有任何樹枝。相較於樹幹，生長於樹頂的樹枝末梢不成比例地小；而樹葉與樹枝相形之下也是奇小無比。這所森林幾乎是由考里松所組成；其中幾棵最大的樹從平行於側邊的角度來看，樣子就像是聳立的巨大木頭圓柱。考里松的木材是這座島上最具價值的產物；此外，從樹皮滲出的大量樹脂以一磅一分錢的價格賣給美國人，但其用途不明。[6]

查爾斯・達爾文（Charles Darwin）在第二次搭乘英國海軍艦艇小獵犬號（Beagle）進行考察之旅時，也對這種來自古老紐西蘭森林的巨樹印象深刻。紐西蘭貝殼杉原產於紐西蘭北島的北部，是智利南洋杉（*Araucaria araucana*，或稱「猴迷樹」〔Monkey Puzzle Tree〕）的

親戚。紐西蘭貝殼杉所組成的森林冠層距地平面可達50公尺（164英呎），而正如達爾文所觀察到的，其樹幹更是魁偉無比。

紐西蘭貝殼杉屬於關鍵物種，數百萬年來協助創造了一個獨特的小生境（ecological niche）。這種樹捨棄了較低處的樹枝，而其樹皮鱗片則在樹幹的基部附近大量積聚，以致寄生蟲無法攀爬上樹。其枯枝落葉層為酸性，能使土壤灰化，也因此除了特化植物外，其他植物都難以與其競爭養分。如同山毛櫸與歐洲赤松，紐西蘭貝殼杉亦與土壤中的菌根菌形成共生關係，以樹葉行光合作用所產生的糖分換取稀有的微量礦物質。那些能夠與紐西蘭貝殼杉共同生活的植物，也協助創造了一個獨特的生物群系。

儘管歐洲殖民者展開了廣泛的伐木活動，以取得取得高品質的紐西蘭貝殼杉木材，作為營建與造船材料，然而這種樹在受保護地區——例如懷波瓦森林（Waipoua forest）——還是存活了下來。懷波瓦森林中有兩棵最雄偉的紐西蘭貝殼杉，分別為「森林之神」（Tane Mahuta）與「森林之父」（Te Matua Ngahere），不僅受毛利人尊崇，也成為了熱門的觀光景點。

患難之交 ： 紅樹
Rhizophora

地方名：MANGUE（葡萄牙語）；TONGO（東加語）

在2004年節禮日（Boxing Day）所發生的南亞大海嘯期間，至少有一萬人的性命因紅樹而獲救，原因是紅樹林守護了他們位於沿岸的家。紅樹林是一種多元海洋植物群系，主要是由樣貌奇異但適應力極強的紅樹所組成。印尼的亞齊特區（Aceh）在海嘯發生時首當其衝，於是自此在耐鹽紅樹茁壯生長的海濱淺泥地上，陸續種植了數百萬棵樹。[7]這些樹將形成保護帶，除了能吸收潮汐起伏與暴風浪的大部分能量，也能在遭受最嚴重衝擊時，保護脆弱的沿岸棲地與社群，並且延緩或遏止海岸的侵蝕作用。紅樹林遭破壞是加速全球去森林化與棲地生物多樣性下降的關鍵；重新栽種也無法挽救其多元生態的重大損失。

紅樹林生物群系可見於世界各地，包括從中美洲到中國以及從阿曼灣（the Gulf of Oman）到澳洲南端的區域。在茁壯生長與悉心管理的情況下，紅樹林不僅能作為燃料、木材與藥材的永續供給來源，也能維繫多種海洋生物與大量鳥類昆蟲的生命。然而過去數十年來，不論是為了開設養蝦場而清空樹林，或是為了生產木炭而砍伐林木，都導致這種珍貴的棲地逐漸變得光禿，進而造成海岸線未受保護，當地社群必須轉而仰賴援助或經濟作物。

能在溫暖、含鹽淺水中生長的多元紅樹林樹種是由灌木與小樹所組成，其中最為人所知的大約有50種。美洲紅樹（*Rhizophora mangle*）有可能是最具特色的一種，以長相怪異的細長氣根作為支柱根，佇立於靜止的潮汐水域之上。氧氣透過這些氣根與樹皮上的氣孔吸收，以協助驅動細胞內複雜的除鹽過程。任何多餘的鹽分都會集中儲存於較老的樹葉中，並隨著落葉從體內排除。紅樹的長矛狀種莢具浮力，在母樹上就能發芽長成幼苗，待掉落在軟泥上就會隨即生根成長。

紅樹與其棲地對我們來說不可或缺，對地球而言也是極為重要的有機資源。

戰勝逆境的生存者：落葉松
Larix gmelinii

地方名：グイマツ（日文，讀音為GUI-NATSU）

左圖

落葉松的針葉與特殊毬果。

次頁

落葉松森林，位置靠近蒙古特勒吉國家公園（Gorkhi-Terelj National Park）的阿雅巴爾禪寺（Ariyabal Meditation temple）。

俄羅斯北端的泰梅爾半島（Taymyr peninsula）冬季平均氣溫為負33度。麝牛與馴鹿這兩種大型哺乳動物在這些高緯度地區茁壯成長，成為當地游牧的涅涅茨人（Nenets）賴以為生的工具與食物。而在這個廣大的北方針葉林（boreal forest，或稱「泰加林」〔taiga〕）——同時也是全球最大的陸地生物群系——與北極苔原（arctic tundra）的交會處，落葉松是最後一種屹立於此的樹木，也是世界上最北與最耐寒的樹木。

落葉松（有超過十幾種樹種）屬於落葉針葉樹——這並不算前後矛盾。它們會在春天時，如松樹般蓬勃生長出引人注目的翠綠針狀樹葉。到了秋天，這些針葉會轉黃然後掉落，使落葉松得以抵抗大雪。為了保護自身免受堅霜侵襲，落葉松也會流失掉大量水分。落葉松高度可達約30公尺（98英呎），典型的圓錐體結構使其能適應極高緯度的低日照——高達北緯70度，正好就在北極圈內，冬季時會有長達數周的時間無直接日照。這樣的環境條件導致落葉松的生長速度十分緩慢：至今所測量到最古老的落葉松是916歲，其種子的發芽時間落於11世紀期間。

再往南前進，會發現落葉松與松樹、雲杉以及白樺、赤楊、柳樹等更耐寒樹種一起，形成了環繞地球且幾乎連續不斷的森林帶。相較於熱帶雨林，極北林區棲地或許看起來較為貧瘠，然而多虧了這些棲地之於務農族群的邊際價值，其獨特植物、動物與人類文化即使到了現代，仍舊能保持相對完整。亞洲與北美原封不動的北方針葉林雄偉景色，是世界上數一數二的偉大自然奇觀。北方針葉林的廣闊面積使大範圍的特化棲地（specialized habitat）得以發展興盛，且規模之大無與倫比。不過，即使是在這裡，木材、石油與天然氣的開發仍舊為這片土地帶來了越來越多的壓力。

落葉松的學名之所以為*Larix gmelinii*，是為了向北俄羅斯植物學家約翰・喬治・格梅林（Johann Georg Gmelin，1709年至55年）的開創性研究致敬。科學家近來已從落葉松上提取出一種天然抗氧化物（花旗松素〔taxifolin〕），據知能抑制癌細胞生長。

TAMARINIER,

Tamarindus Indica, L.

「印度椰棗」：羅望子
Tamarindus indica

地方名：TAMARINDO（拉丁美洲）；SAMPALAK（菲律賓語）

左圖

羅望子樹，手繪彩色鐫版畫，仿自愛德華‧莫伯特（Edouard Maubert）為《植物王國》（*Le Règne végétal*）所繪的植物插畫。該書於巴黎出版，時間為1864年至71年間。

下圖

羅望子樹茂密、多枝的樹冠。

羅望子擁有一切：不僅美觀、長壽，還具有產量豐沛且外型奇特的果實，及許多實用價值。羅望子大可稱得上是超級樹，不過之所以納入本章，主因是作為豆科植物的羅望子具有特殊功用，那就是固定貧瘠土壤中的大氣氮素。羅望子耐風、耐鹽、耐旱也耐熱——事實上，除了霜以外，對樹木造成影響的大多數自然條件，羅望子都能克服。[8] 儘管原產於非洲的熱帶地區，但由於在其他地方也生長了好長一段時間，以致中世紀的阿拉伯商人在稱讚羅望子的黏甜果實時，想到的竟是以「印度椰棗」（tamr hindi）作為形容。

羅望子長得很高（可達30公尺／98英呎），具散形樹冠，樹葉呈人字型排列，樹枝則一路沿著樹幹生長。生長至第7至第10年時，樹上會盛開美麗嬌嫩、紅與淡黃相間的花朵，受粉後會結出如豌豆般的獨特種莢——如此特徵透露出其豆科植物的身分。儘管如此，常綠的羅望子還是能以修剪的方式促進其分支生長，進而延長其生產力至2百年以上。羅望子藉由種子或嫁接繁衍，其中有兩個主要品種（一個果肉偏酸，另一個較甜）廣泛種植於各地。

其種莢在仍未成熟時也能採收作為辛香料使用；而較甜品種的羅望子種莢在完全成熟時，包含在內的果肉會像椰棗般柔軟甘甜，常用來製作咖哩、漬物與印度酸辣醬。在英國與世界各地的餐桌上，經常會出現兩種廣為人知的調味料——伍斯特醬（Worcestershire sauce）與棕醬（HP sauce）；而這兩種調味料都是靠羅望子創造出獨特風味。此外，富含礦物質與維生素B的果肉還具有輕微的通便效果。其樹皮在醫療上可製成收斂劑，也可用來減緩痠痛與潰瘍，以及改善發燒症狀。其樹葉能製造出一種紅色染劑，除了具抗氧化功效外，或許還能用來降血糖。而樹葉用水浸泡後也能作為飲品。

用羅望子種子所榨的油作用就和亞麻籽油類似，能用於調製顏料以及作為燈油。羅望子的邊材為淺黃色，心材除了顏色較深外，也較堅硬耐用，有時亦稱為「馬德拉紅木」（Madeira mahogany）。這種木材很適合用於木作與製輪，很適合製成工具手把與家具，以及生產高品質的木炭。

白相思樹
Faidherbia albida

地方名：BALANZAN（馬利：班巴拉語）；APPLE-RING ACACIA（「蘋果環相思樹」）；WHITE ACACIA（「白相思樹」）；SAAS（塞內加爾：塞雷爾語）

一場默默發生的奇蹟正在徹底改變非洲最貧瘠的一片陸上風景。馬馬杜·迪亞基特（Mamadou Diakité）是一名馬利前職業足球員，他會告訴所有願意聆聽的人事情是如何開始的。在1980年代，來自尼日（Niger）馬拉迪地區（Maradi）的人在結束海外的季節性工作後返家，然後在未清除家鄉灌木叢的情況下，就開始播種以栽培作物。馬拉迪地區已經歷了數十年的乾旱。令所有人驚訝的是，相較於那些細心整地的鄰居，他們的高粱、小米、玉米與蔬菜作物都長得比較好。在整理過的土地上，種子經常會被沙塵暴給吹走。由此看來，不清除那些樹似乎更有幫助。[9] 過了一個世代後，尼日境內的數百萬公頃土地已再度恢復綠意與生產力。

白相思樹是此一轉變過程中的關鍵夥伴樹。這種樹有一個古怪的特性，就是會在雨季落葉並在乾季長葉，因此能在穀物與其他糧食作物正好需要的時機，依序提供護根層與肥料、遮蔭，以及全日照環境。而對家畜來說，當所有其他食物在乾季耗竭時，還有白相思樹能作為其飼料來源。這是一種名為「逆向樹葉物候學」（reverse leaf phenology）的環境適應機制，能為農民帶來2至3倍的收穫量。

如同許多其他用於混農林業的樹木，帶刺的白相思樹也是豆科植物，能固定根部周遭土壤中的大氣氮素，並供應給附近的其他植物。白相思樹具有如含羞草般的樹葉與營養的莢果，而這些都是豆科植物的典型特徵。雖然外觀看起來通常較為矮小，但白相思樹的高度其實可達30公尺（98英呎）。

白相思樹不僅能幫助作物良好生長與減緩沙漠擴張，也能作為馴養與野生動物的食物來源，而其花朵（在所有其他的在地植物枯萎時盛開）對蜜蜂與蜂蜜生產而言也十分寶貴。其木材雖然經常過於彎曲，以致無法作為建材，但很適合用來製造鼓、用具、箱子、獨木舟與榨油機。[10] 其種子必須經過謹慎的加工處理，否則對人類來說有毒。白相思樹能靠種子或扦插繁衍。在地方社群的改革上，白相思樹和其他關鍵樹種一同擔起了支援的角色，為正好需要它的地方發揮價值。

南洋櫻
Gliricidia sepium

地方名：MADERON NEGRO（哥斯大黎加）；KAKAWATE（菲律賓語）；WETAHIRIYA（僧伽羅語）

左圖

南洋櫻的葉子。

下圖

夏威夷茂宜島（Maui）上繁花盛開的南洋櫻。

矮小的南洋櫻生長於熱帶乾燥地區，是中美洲濱太平洋西岸的原生種，高度幾乎不超過10公尺（33英呎），最初的種植目的是作為咖啡的遮蔭樹。南洋櫻的樹葉富含蛋白質，剪下後能作為有用的牛、綿羊與山羊補充飼料——不過對馬與猴子來說有毒。即使是在乾季，南洋櫻也能定期砍伐，對易乾旱地區的農民來說是重要的救命稻草。其樹葉與種子人類無法食用，但花朵能當作香草來料理，或是裹麵糊油炸。

人字形排列的樹葉與緊密成串的粉白相間蝶形花朵，為南洋櫻增添了園藝觀賞價值。如同許多利於自給農業的重要樹木，南洋櫻很容易就被認出是具固氮作用的豆科植物，能釋放礦物質給鄰近植物作為肥料。不過，藉由根部提供養分給其他食用植物，只是南洋櫻的眾多價值之一。

用來與蔬菜、腰果間作的南洋櫻正如其英文暱稱quickstick（quick意思是「快速的」，stick則是「枝條」）所示，能頻繁修剪至樹幹根部，以刺激分枝生長以作為燃料來源；修剪後則會進入休眠期，使其他植物能在沒有競爭的情況下茁壯生長。南洋櫻生長快速，能藉由種莢中的大量種子輕易繁衍，是十分有用的土壤穩定植物，特別是在陡峭的斜坡上。此外，南洋櫻也能在砍伐焚燒林木後，當作綠肥植物種植在清空的耕地上。其樹葉能用來製作潤髮乳，而不論是活樹或修剪而成的木桿，都適合用來支撐黑胡椒、香草與山藥等攀爬作物。在中美洲，農民會將南洋櫻的樹葉輾磨成糊狀，用來清洗家畜，以預防人疽蠅侵擾。

南洋櫻如今廣泛種植於橫跨全球的帶狀區域，範圍從中非延伸至中南亞，並在當地為可可樹提供遮蔭。在印度，以南洋櫻製成的長竿能用來打造綠籬，以防止有價值的水果與蔬菜被牲畜與掠奪者偷走。其木材堅硬耐用，燃燒後不太會產生煙，能製成高品質的木炭，也能用來製作農具、家具、鐵路枕木與工具手把。

守護非洲的樹：馬魯拉樹
Sclerocarya birrea

地方名：MGONGO（史瓦希利語）

左圖

馬魯拉樹外形奇特的樹幹，位於波札那的奧卡萬戈三角洲。

下圖

獨自佇立的馬魯拉樹。

馬魯拉樹是一種極其有用的樹，以致能納入本書的數個章節之中；而最後之所以被列為「地球保衛樹」，是因為這種樹在非洲土壤最貧瘠的地區也很容易栽種：包括薩赫爾的茅利塔尼亞（Mauritania）與塞內加爾、非洲另一側的厄利垂亞（Eritrea）與衣索比亞、東南部的烏干達與肯亞，以及西南部的納米比亞（Namibia）與波札那——這些地區深受脆弱環境影響，導致人民生活困苦。而馬魯拉樹不僅能用來遮蔭、防風與改善土壤，生長也十分快速，種植後只需3年就能結果。[11]

馬魯拉樹的淺綠色果實大小如李子一般，可作為解渴的點心生吃或烹煮後食用；據知，大象在吃完掉在地上的發酵果實後就醉了。果肉取出後可製成果醬、啤酒、糖漿或水果酒，而這種果實之所以未出口，唯一的原因就是它們熟得很快又容易碰傷，以致難以存放與運輸。矛盾的是，這對十分仰賴馬魯拉樹以維持生計的小型社群來說，反而是一項優勢。儘管目前在以色列已出現商業種植園，然而作為一項經濟作物，這種樹普遍而言未被充分開發利用，以致在地方性農業策略上扮演著謙遜卻又重要多變的角色。其富含蛋白質的種子據說味道像胡桃或花生，榨成油後能用於烹調與照明。

馬魯拉樹的益處也延伸到樹皮：樹皮泡劑能用來舒緩疼痛、減輕發炎與改善胃痛；樹皮碎片經咀嚼後則能緩解牙痛。根部的樹皮磨成膏後，能用於塗抹在蛇咬傷口上。其樹根本身能加水搗成飲料，據說能治療血吸蟲病（schistosomiasis或bilharzia）這類寄生蟲感染的症狀。好禮不嫌多，從樹皮取得的纖維還能加工製成繩子與一種粉紅色染劑；樹皮經刻劃後滲出的樹膠則能用來製成墨水。其木材也很適合用來製作碗、鼓、獨木舟與雕刻藝品。馬魯拉樹就算不是保衛整個地球的樹，至少也稱得上是守護非洲的樹——對當地的數百萬人來說是不可或缺的社群夥伴。

詞彙表

脫離（abscission）——落葉樹用來從樹葉提取養分、隔絕養分使其無法進入細枝、接著在秋天脫落樹葉與細枝的一系列化學過程。

混農林業（agroforestry）——用來描述樹木與塊根、穀類、果實作物結合的專業詞彙。在此一林業系統中，樹木的作用是保護土壤、提供遮蔭、生產飼料與其他輔助作物；其中有許多種類的樹木經常會供應寶貴的氮素給貧瘠土壤。

毒他作用（allelopathy）——某些植物會藉由釋放有毒化學物質，以抑制其他植物生長，或是防止其他植物出現。紐西蘭貝殼杉與某些種類的胡桃樹、尤加利樹都具有毒他特性。

田籬間作（alley-cropping）——一種混農林業技術，作法是交替種植成列樹木與可相容的地面蔬菜或水果作物，好處則包括遮蔭、防風、防治病蟲害、保留土壤水分與生產輔助性生計作物。在此一間作系統中，咖啡樹經常被當作共生植物用來搭配種植。

被子植物（angiosperms）——種子包覆在心皮（雌性生殖器官）內的開花植物，包括落葉樹。

頂芽（apical bud）——位於樹莖頂端向上生長的芽，也就是隨後一年樹木垂直生長的起點。許多組的植物荷爾蒙「生長素」都集中在頂芽，具有抑制潛伏側芽生長的作用。當頂芽因修剪、矮林作業或暴風雨襲擊而遭破壞或移除時，生長素會受到抑制，導致新芽從樹基或樹幹萌發生長。

矮林作業（coppice）——一種古老的森林作業法，作法是定期從樹基採伐落葉樹，以生產能運用在圍籬、爐灶與輕建築的木柱與樹葉，同時使收成易於管理。coppice一字是從古法文copeiz衍生而來，源自中世紀拉丁文colpus，意思是「重擊」。

栽培種（cultigen）——用於描述某些樹木從野生到栽培的演進歷史因過於久遠，以致無法考究。椰棗與酪梨都是很好的例子。

雌雄異熟（dichogamy）——在植物學中，用於表示一朵花的雄性與雌性生殖器官在不同時間成熟，以防止自花授粉。這種現象在某些常見的雌雄同株樹種上相當明顯，例如赤楊、榛樹與胡桃樹，而這些都是在同一植株上雄花與雌花分開的樹木。一棵樹上的雄花花粉會傳至另一棵樹上已成熟的雌花，以完成授粉。

雌雄異株（dioecious）——雄花與雌花分開生長在不同的樹上。冬青是一個顯著的例子。

附生植物（epiphyte）——一般而言是指依附在其他植物上生長的植物，例如絞殺榕。附生植物不見得是寄生植物，通常會從大氣中獲取水分與養分。

叢生（gregarious）——指某些樹傾向在同類的陪伴下茁壯成長，例如山毛櫸與歐洲赤松。這些樹木和地底下的菌根菌形成互利共生的關係。

裸子植物（gymnosperm）——gymnosperm的字面意義是「裸露的種子」，用來表示種子未受子房或果實保護的植物，與被子植物截然不同。銀杏、蘇鐵與針葉樹皆屬裸子植物。

兩性花（hermaphrodite）——同時具有雄蕊與雌蕊的花。牛心梨的花是其中一個例子。

異型合子（heterozygous）——用於描述基因會隨機排列在後代染色體上的樹木，藉以在每一代實際生產出新的品種。蘋果樹與其他需要靠嫁接來維持特徵的樹種皆屬異型合子了。

豆類（leguminous）——用於描述隸屬於豆科的植物。豌豆、一般豆子與許多樹種都是豆科植物，不僅會結出內含種子的特有莢果，也經常會長出根瘤，用來固定大氣氮素，並將其提供給其他植物。

皮孔（lenticel）——許多樹的樹皮表面都會出現的細孔。除了氣孔（樹葉背面的微小孔洞，用來交換大氣中的水分與氣體），樹木也會透過皮孔與外界交換氣體。樺樹與櫻桃樹的皮孔非常明顯，看起來就像樹幹上有一道道橫向的疤痕。

栗實堆（mast）——秋天時從樹上（特別是山毛櫸與櫟樹）掉落堆積的大量堅果。家豬依慣例會在秋天時進入山毛櫸與櫟樹森林中，靠栗實堆餵養增胖；這種畜養作法稱為「林地放養豬」。結實年度指的是這些樹木堅果產量過剩的那幾年。

雌雄同株（monoecious）——雄花與雌花分開生長在同一棵樹上，例如赤楊的毬果與葇荑花序。

蒙塔多與德艾薩（montado and dehesa）——葡萄牙南部與西班牙中南部的傳統混農林業法，作法是將牲畜放養於樹木間。這種林牧形式能發展出開放的生態系統，其生產的不只是木柴、軟木與其他木製品，還包括在這些樹林中茁壯成長的蘑菇、蜂蜜與野禽。

菌根（mycorrhizal）——一群極度纖細的卷鬚狀真菌，能與某些種類的樹形成共生關係，幫助那些樹提升自己從貧瘠土壤中汲取養分的能力，藉以換取它們從那些樹的樹根所獲得的糖分。山毛櫸與歐洲赤松皆受惠於這類真菌，而這也是叢生樹木的一項特色。

單為結果（parthenocarpic）——用於描述「處女果」，也就是以天然或人為方式誘發植物源自遺傳的能力，使其在未受精的情況下結出果實。無籽果實是單為結果的栽培起源種，不需要靠蜂替花授粉的可食用無花果也是。

韌皮部（phloem）——在樹葉與樹根之間運輸糖分、水分與礦物質的植物組織。

灰化（podzolize）——透過大量降雨過濾掉土壤中的礦物營養元素。

去梢樹（pollard）——截去樹梢的樹木，長出新芽的下方樹幹留作動物的食物來源；這麼做是為了施行一種名為「林放牧」的混農林業作法。柳樹與赤楊都是河邊常見的去梢樹。poll是一個古老的英文字，意思是「切除樹木或植物的前端」。

耐火植物（pyrophyte）——經適應後能耐火的植物，例如西班牙栓皮櫟與密花澳洲檀香。

尾註

第1章

1. Tully, J. 'A Victorian Ecological Disaster: Imperialism, the Telegraph, and Gutta-Percha', *Journal of World History* 20 (4), 2009, pp. 559-579
2. Gidmark, David. *The Algonquin Birch Bark Canoe*, Shire Ethnography, 1988
3. http://tropical.theferns.info/viewtropical. php?id=Ceiba+pentandra
4. http://www.bradshawfoundation.com/thor/kon-tiki.php
5. http://sciencewise.anu.edu.au/articles/ timbers
6. http://www.hydroworld.com/articles/hr/print/volume-33/issue-6/articles/back-to-our-roots-the-return-of-an-old-friend-for-turbine-bearing-rehab.html
7. http://tropical.theferns.info/viewtropical. php?id=Crescentia+cujete
8. https://archive.is/20060316012526/ http://www.killerplants.com/plant-of-the-week/20050131.asp
9. http://www.euforgen.org/fileadmin/bioversity/publications/pdfs/1323_Cork_oak_Quercus_suber.pdf
10. https://pfaf.org/user/Plant. aspx?LatinName=Quercus+suber
11. https://www.rainforest-alliance.org/species/rubber-tree
12. Nat Hist Museum on Slavery, pp. 14-15
13. Lamb, F. B. *Mahogany of Tropical America: Its Ecology and Management*, University of Michigan Press, 1966, p. 10
14. *World Encyclopedia of Trees*, p. 174
15. 請見麵包樹的章節。
16. http://powo.science.kew.org/taxon/urn:lsid:ipni.org:names:850861-1
17. http://tropical.theferns.info/viewtropical. php?id=Aleurites+moluccanus
18. http://canoeplants.com/kukui.html
19. http://tropical.theferns.info/viewtropical. php?id=Roystonea+regia
20. https://www.science.gov/topicpages/r/rpystonea+regia+fruits.html

第 2 章

1. Kauz, R. Aspects of the Maritime Silk Road: From the Persian Gulf to the East China Sea, 2010
2. http://worldneurologyonline.com/article/controversial-story-aspirin/
3. 'Logwood Dye on Paper', by Erin Hammeke, undated thesis for the University of Texas. https://www.ischool.utexas.edu/~cochinea/pdfs/e-hammeke-04-logwood.pdf
4. Dragon's blood: Botany, chemistry and therapeutic uses. Journal of Ethnopharmacology 115 (2008) 361-380.
5. Taxus brevifolia: https://www.conifers.org/ta/Taxus_brevifolia.php
6. Jon Henley, 'The mozzies are coming'. The Guardian, 12.8.2007 https://www.theguardian.com/society/2007/sep/12/health.weather
7. https://phys.org/news/2018-10-peru-danger-national-cinchona-tree.html
8. 'Phytopharmacology of Ficus religiosa'. https://www.ncbi.nlm.nih.gov/pmc/articles/PMC3249921/
9. https://www.japantimes.co.jp/life/2002/08/01/environment/a-camphor-by-any-other-name/#.XAZUGtv7TmE
10. https://en.wikipedia.org/wiki/Camphor
11. https://www.uaex.edu/yard-garden/resource-library/plant-week/sassafras.aspx
12. Trees in Indian art, mythology and folklore, 18; 20; 57ff. Bansi La Malla 2000, Aryan Books International
13. Edible Trees, pp. 13-14

第 3 章

1. Howes, F. N. Nuts: Their Production and Everyday Uses, Faber and Faber, 1948, pp. 147-164
2. Howes 1948, p. 42
3. https://www.nytimes.com/2007/08/08/dining/08mang.html
4. Howes 1948, p. 100
5. 'Remains of seven types of edible nuts and nutcrackers found at a 780,000-year-old archaeological site.' http://www3.scienceblog.com/community/older/2002/F/20022752.html
6. http://tropical.theferns.info/viewtropical.php?id=Inocarpus+fagifer
7. http://www.agroforestry.net/images/pdfs/Inocarpus-Tahitianchestnut.pdf
8. Luke 13:6-9
9. https://en.wikipedia.org/wiki/Hortus_Malabaricus
10. htttps://www.telegraph.co.uk/news/earth/earthnews/5857472/Royal-Botanic-Gardens-mango-tree-bears-fruit-after-20-years.html
11. 請見延伸閱讀。
12. https://en.wikipedia.org/wiki/Olive_Pink_Botanic_Garden
13. http://www.anbg.gov.au/gnp/interns-2002/santalum-acuminatum.html

14. Howes 1948, p. 124

第 4 章

1. https://archive.is/20130416043642/http://www.worldagroforestrycentre.org/sea/Products/AFDbases/af/asp/SpeciesInfo.asp?SpID=213
2. https://www.sciencedirect.com/topics/neuroscience/theobroma-cacao
3. https://www.feedipedia.org/node/525
4. Paul Vossen: Olive Oil: History, Production, and Characteristics of the World's Classic Oils http://hortsci.ashspublications.org/content/42/5/1093.full
5. https://www.researchgate.net/publication/273756549_Tree_Tomato_Tamarillo_potential_Indigenous_alternative_crop_to_Tomato_for_hilly_regions_in_Tamilnadu_India
6. https://www.sciencedirect.com/topics/agricultural-and-biological-sciences/cinnamomum-verum
7. https://www.sciencedirect.com/topics/agricultural-and-biological-sciences/ceratonia-siliqua
8. http://ucavo.ucr.edu/general/historyname.html
9. Mapes, C. and Basurto, F. Ethnobotany of Mexico: Interactions of People and Plants in Mesoamerica, 2016, pp. 103-4
10. https://www.researchgate.net/publication/277143748_CURRY_LEAVES_Murraya_koenigii_Linn_Sprengal-_A_MIRCALE_PLANT, in the Indian Journal of Scientific Research 4 (1): 46-52, 2014
11. http://www.ico.org/prices/new-consumption-table-pdf
12. https://www.bbc.co.uk/news/science-environment-46845461
13. https://www.sciencediret.com/topics/agricultural-and-biological-sciences/prunus-dulcis
14. Information from US National Nutrient Database: https://ndb.nal.usda.gov/ndb/foods/show/12061?fgcd=&manu=&format=Full&count=&max=25&offset=&sort=default&order=asc&qlookup=12061&ds=&q=&qp=&qa=&qn=&q=&ing=
15. Howes 1948, p. 108

第 5 章

1. https://uses.plantnet-project.org/en/Cordia_subcordata_(PROTA)
2. http://agroforestry.org/images/pdfs/Cordia-kou.pdf
3. http://tropical.theferns.info/viewtropical.php?id=Phoenix+dactylifera
4. 東加國防軍（His Majesty's Armed Transport）
5. https://news.nationalgeographic.com/news/2013/10/131022-gold-eucalyptus-leaves-mining-geology-science
6. https://blog.csiro.au/national-eucalyptus-day-five-things-you-might-not-know-about-these-flowering-giants/
7. Jackfruit: https://www.ctahr.hawaii.edu/oc/freepubs/pdf/f_n-19.pdf
8. https://web.archive.org/web/20121005003119/http://www.cropsforthefuture.org/publication/Monographs/Jackfruit%20monograph.pdf
9. http://www.florabank.org.au/lucid/key/species%20navigator/media/html/Melaleuca_quinquenervia.htm
10. The Arabian Nights Entertainments. Translated by Jonathan Scott, 1811.
11. http://www.tropical.theferns.info/viewtropical.php?id=Cocos+nucifera
12. UN Food and Agriculture Organisation briefing: http://www.fao.org/docrep/x5402e/x5402e11.htm
13. 'Jatropha curcas: A potential biofuel plant for sustainable environmental development.' https://www.sciencedirect.com/science/article/pii/S1364032112000974
14. https://pfaf.org/user/Plant.aspx?LatinName=Shorea+robusta
15. https://www.feedipedia.org/node/54
16. https://www.arganfarm.com/argan-tree-history/

第 6 章

1. http://www.worldagroforestry.org/treedb/AFTPDFS/Sesbania_sesban.PDF
2. Lost Crops of Africa: Volume II, Chapter 14: https://www.nap.edu/read/11763/chapter/16
3. https://keys.lucidcentral.org/keys/v3/eafrinet/weeds/key/weeds/Media/Html/Leucaena_leucocephala_(Leucaena).htm
4. http://www.fao.org/wairdocs/ILRI/x5536Ex5536e0r.htm
5. 'The Lost Crops of the Incas: Little-Known Plants of the Andes with Promise for Worldwide Cultivation.' National Research Council 2005. http://arnoldia.arboretum.harvard.edu/pdf/articles/1990-50-4-lost-crops-of-the-incas.pdf
6. Charles Darwin, from The Voyage of the Beagle, published as Journal and Remarks, 1839.
7. 'Mangrove forest planted as tsunami shield': https://www.newscientist.com/article/mg22430005-200-mangrove-forest-planted-as-tsunami-shield/
8. http://tropical.theferns.info/viewtropical.php?id=Tamarindus+indica
9. https://fern.org/sites/default/files/news-pdf/Fern%20-%20Return%20of%20the%20Trees.pdf, p.26
10. http://tropical.theferns.info/viewtropical.php?id=Faidherbia+albida
11. Tropical Plants database: Ken Fern. http://www.tropical.theferns.info/viewtropical.php?id=Sclerocarya+birrea

延伸閱讀

Edward Milner, J. *The Tree Book*, Collins and Brown, 1992

Gidmark, D. *The Algonquin Birchbark Canoe*, Shire Ethnography, 1988

Goldstein, M., Simonetti, G. and Watschinger, M. *Complete Guide to Trees and Their Identification*, Macdonald Illustrated, 1984

Howes, F. N. *Nuts: Their Production and Everyday Uses*, Faber and Faber, 1948

Masumoto, D. M. *Epitaph for a Peach*, Harper One, 1995

National Research Council *Lost Crops of Africa Volume III: Fruits*, National Academy Press, 2008

Pakenham, T. *Remarkable Trees of the World*, Weidenfeld and Nicholson, 2002

Plants for a Future *Edible Trees: A Practical and Inspirational Guide from Plants for a Future on how to Grow and Harvest Trees with Edible and Other Useful Produce*, Create Space Independent Publishing, 2013

Russell, T. and Cutler, C. *The World Encyclopedia of Trees*, Anness Publishing, 2012

Thomas, P. *Trees: Their Natural History*, Cambridge University Press, 2000

Tudge, C. *The Secret Life of Trees*, Penguin Press Science, 2006

Wohlleben, P. *The Hidden Life of Trees*, Collins, 2017

值得參考的免費資料下載

《自然歷史博物館：奴隸與自然世界》（暫譯）（*The Natural History Museum: Slavery and the natural world*）：一系列珍貴的書籍章節以電子檔形式出版：
https://www.nhm.ac.uk/discover/slavery-and-the-natural-world.html

《印加帝國的失落作物：幾乎不為人知的安地斯山區植物有望栽培於全球各地》（暫譯）（*Lost Crops of the Incas: Little Known Plants of the Andes with Promise for Worldwide Cultivation*）在此以電子檔形式供免費下載：
https://www.nap.edu/catalog/1398/lost-crops-of-the-incas-little-known-plants-of-the

《寧靜革命：尼日農民正如何重新綠化薩赫爾的農地》（暫譯）（*The Quiet Revolution: How Niger's Farmers are re-greening the croplands of the Sahel*）在此以電子檔形式供免費下載：
http://www.worldagroforestry.org/downloads/Publications/PDFS/BL17569.pdf

混農林業網（Agroforestry Net. Inc）是一個非營利組織，致力於提供混農林業的相關資訊。該組織的網站上包含可免費下載的數本著作與實況簡報，內容是關於世界各地的有用樹木：
http://agroforestry.org/FREE-PUBLICATIONS/TRADITIONAL-TREE-PROFILES

圖片來源

阿拉米圖庫（Alamy Stock Photo）：第13、15、16、25、28、30、32、43、49（下圖）、50、52、54、66、69、71、74、87（下圖）、89、90、94、102、104、106、114、118、121（下圖）、127、131、132、153（下圖）、154、162、171（上圖）、176、179、187、189、191、194、197、208、210、212、224、228、233、236、242、248、252、256、258、260、262、264頁。

維基百科（Wikipedia）：第19、26、29、33、39、45（上圖與下圖）、49（上圖）、51（上圖與下圖）、61（下圖）、65、75、81、87（上圖）、91、93、99、108、109、113、115、117、121（上圖）、123、124、142、144、147（下圖）、155（上圖與下圖）、156、163、165（上圖）、167、169、170、171（下圖）、173、177、181、188、192、195、203、211、217、219、227、231、232、235、238、241、243、244、245、257、263、265頁。

羅伯特哈汀旅遊圖庫（Robert Harding）：第3、18、21、36、40、44、47、60、62、70、72、78、107（上圖）、145（上圖）、147、153（上圖）、160、174、178、180、193、198、202、206、220、246、250頁。

蓋帝圖像（Getty Images）：第27、42、61（下圖）、86、88、107（下圖）、122、130、133、141、200、215、226、247、255頁。

惠康圖像（Wellcome Images）：第145（下圖）、150、152、164、166、172、196、203、209、216、218、225、234、237頁。

傑里米爾・波爾贊（Želimir Borzan）：Tree and Shrub Names in Latin, Croatian, English, and German. Croatian Forests, Zagreb, 2001 after Gustav Hempel and Karl Wilhelm, Bäume und Sträucher des Waldes (Trees and Bushes of the Forest), Vienna, 1889
第24、34、38、64、100、135、146、190、204頁。

美國農業部果樹水彩收藏（U.S. Department of Agriculture Pomological Watercolor Collection）：Rare and Special Collections, National Agricultural Library, Beltsville, MD 20705
第76、111、119、120、125、126、159、168頁。

Shutterstock圖庫：第23、82、85、143、151（上圖與下圖）、165（下圖）、223（上圖與下圖）、240頁。

谷歌藝術計畫（Google Art Project）：第6、8、31、35、110、129、148、158、182頁。

布里奇曼圖像（Bridgeman Images）：第20、46、68、134、214、222、249頁。

Age Fotostock圖庫：第59頁。

邱園圖像（Kew Gardens Images）：第55頁。

索引

原文 中文 頁碼

A'Arhiyib （龍血樹地方名，阿拉伯語）71
Aba Huab River, Damaraland 阿巴胡阿布河，達馬拉蘭 259
Abaco islands 阿巴科群島 201
abid rahim （椰棗地方名，蘇丹用語）197
aboriginal 原住民的 12, 209, 211, 217
abortifacient 墮胎劑 43, 71
Acacia aneura see mulga acacia 無脈相思樹，見「無脈相思樹」（mulga acacia）188, 209, 211
Aceh 亞齊特區 251
acorns 果實；橡實 45, 98, 107, 109, 191, 192, 227
Acute Oak Decline (AOD) 急性櫟樹衰退病 192
adhesive 黏著劑 71, 211
aeroplanes 飛機 29
Afghanistan 阿富汗 109
Africa 非洲 43, 89, 109, 173, 195, 209, 215, 237, 257, 259, 265
African baobab (*Adansonia digitata*) 非洲猢猻木 155
African harp (or Kora) 非洲豎琴（可拉）43
agroforestry 混農林業 195, 215, 230, 232-3, 235, 245, 259
aguacate （酪梨地方名，西班牙語）169
ahuacaquahuitl （酪梨地方名，納瓦特爾語）169
aila （太平洋地方名，巴布亞紐幾內亞用語）115
Alaska 阿拉斯加 19
alder 赤楊 230, 253
Alexander the Great 亞歷山大大帝 101, 127, 133
Algeria 阿爾及利亞 45, 197
Algonquin 阿爾岡昆語 105
Alice Springs 愛麗絲泉 131
allelopathy 毒他作用 85, 133
alley-cropping 田籬間作 230
alligator pear tree 鱷魚梨樹 169
alma （蘋果地方名，哈薩克語）101
Almaty 阿拉木圖 101
almendra （扁桃地方名，西班牙語）181
almond butter 扁桃奶油 181
almond (*Prunus dulcis*) 扁桃奶油 101, 109, 128, 143, 181
Altai mountains 阿爾泰山 8-9
amande （扁桃地方名，法語）181
Amazon basin 亞馬遜盆地 23, 29, 107
American beech 美洲山毛櫸 35
anaesthetic 麻醉藥 85, 87
Anatolia 安那托利亞 147
acient Egypt 古埃及 85, 181
ancient Greece 古希臘 31, 147, 165
Andalucia 安達魯西亞 12
Andean forests 安地斯山脈的森林 81
Andes 安地斯山脈 9, 142, 163, 245
Angkor Wat, Cambodia 吳哥窟，柬埔寨 23
animal fodder 動物飼料 26, 39, 45, 47, 55, 105, 167, 195, 197, 201, 211, 215, 225, 227, 243, 245, 259, 263
anjeer （無花果地方名，印地語）117
anjir （無花果地方名，波斯語）117
anthocyanins 花青素 163, 178
anti-carcinogenic properties 抗癌特性 31, 58, 93, 223
anti-inflammatory properties 消炎特性 215
antibacterial properties 抗菌特性 31, 53, 58, 151
antibiotics 抗生素 165, 237
anticonvulsants 抗痙攣藥 58
antioxidants 抗氧化物 58, 147, 151, 163, 215, 253, 257
antiseptics 防腐劑；抗菌劑 49, 209, 217
Antoine (former slave) 安東（前奴隸）105
apical bud 頂芽 55
apios （梨地方名，古希臘語）111
apple (*Malus domestica; M. sieversii*) 蘋果 98, 101, 181
apple-ring acacia 蘋果環相思樹 259
apricots 杏 128
Arabian Nights 《一千零一夜》189
arasa maram （菩提樹地方名，坦米爾語）83
arbol de pera （梨地方名，西班牙語）111
Arctic Circle 北極圈 253
argan (*Argania spinosa*) 摩洛哥堅果樹 227, 230
Aristotle 亞里斯多德 118
arrack 亞力酒 197
arthritis 關節炎 33
Artus, Dr Willibald, 'Handbook of all medical-pharmaceutical plants' 阿特斯，維利巴爾德醫生，《醫學藥用植物手冊》17, 33
asarone 細辛醚 87
ascorbic acid 抗壞血酸 77, 93
ash 梣樹 105
Asia 亞洲 93, 111, 173, 195, 235, 253
Asia Minor 小亞細亞 124
aspens 白楊樹 19
Aspirin 阿斯匹林 58, 65
astringents 收斂劑 43, 49, 58, 113, 121, 215, 257, 259

atherosclerosis 動脈硬化 58
Atlantic coast 大西洋沿岸 93
Austral mulberry (Hedycarya angustifolia) 南方
    蜜蠟桂 12
Australia 澳洲 195, 209, 211, 217, 219, 235, 241
avocado (Persea americana) 酪梨 165, 169
axles 輪軸 101
Aysgarth, N. Yorks 艾斯加斯，北約克郡 19, 25
Aztec 阿茲特克 153, 169

Bahamas 巴哈馬 201
baklava 中東果仁蜜餅 109
balanzan （白相思樹地方名，馬利；班巴拉語）
    259
balsa (Ochroma lagopus; O. pyramidale) 輕木
    23, 29
bamboo 竹子 29
banana leaves 香蕉葉 29
Banda Islands 班達群島 145
Bandhavgarh National Park, Madhya Pradesh 班
    達威國家公園，印度中央邦 225
Bangladesh 孟加拉 215
Banks, Sir Joseph 班克斯，約瑟夫爵士 201, 209
baobab 猴麵包樹 23
Barbary macaque 巴巴利獼猴 55
Barron Gorge National Park, Queensland 巴倫峽
    谷國家公園，昆士蘭 247
baseball bats 棒球棒 105
basil 羅勒 165, 171
baskets 籃子 19, 65, 195, 197
Basra 巴斯拉港 145
basul （食用刺桐地方名，安地斯地區用語） 245
bats 蝙蝠 23, 155
bay leaves 月桂葉 165
Bayer 拜耳 65
beech (Fagus sylvatic; F. grandifolia) 山毛櫸 35,
    98, 248
beer 啤酒 147, 192, 265
bees 蜜蜂 29, 124, 155, 217, 227, 259
beetles 甲蟲 131
Belize 貝里斯 69
Beowulf 貝武夫 39
bilharzia 血吸蟲病 265
biodiversity 生物多樣性 7, 223
biofuel 生質燃料 53, 223
birch (Betula pendula; B. papyrifera) 樺樹 19,
    253
bird cherry (Prunus padus) 鳥櫻 123
Biscayne National Park, Miami 比斯坎國家公園，
    邁阿密 251
black maple (Acer nigrum) 黑楓 170
black pepper 黑胡椒 171
Black Sea 黑海 35, 147
blackcurrants 黑加侖 77
Bligh, William 布萊，威廉 201
blindness 失明 83
blood detoxifier 血液排毒劑 90
bloodwood 血木 69
Blue Mountains 藍山 209
bluebells 風鈴草 19, 25, 26
Bodh Gaya, India 菩提迦耶，印度 83
Bolivia 玻利維亞 107
Bombax 木棉屬 23
Book of Exodus 《出埃及記》 61
Book of Genesis 《創世紀》 181
books 書 35
boomerangs 迴力鏢 211
boonaroo （無脈相思樹地方名，泰馬語） 211
boreal forest (or taiga) 北方針葉林（泰加林）
    253
Botafogo, Brazil 博塔弗戈，巴西 55
Botswana 波札那 265
bottle gourd (Lagenaria siceraria) 葫蘆 43
Brazil 巴西 47
Brazil nut (Bertholletia excelsa) 巴西栗 107
bread 麵包 147, 155
breadfruit (Artocarpus altilis) 麵包樹 51, 186, 201
Brisbane 布里斯本 241
British Columbia 英屬哥倫比亞 75
British Honduras 英屬宏都拉斯 69
British Museum 大英博物館 29
broad-leaved paperbark (Melaleuca
    quinquenervia) 綠花白千層 217
Bronze Age 青銅時代 124
brooms 掃帚 26
bubble bush 泡泡灌木 223
Buddha 佛陀 189, 225
Buddhism 佛教 83, 89, 189, 225
building materials 建築材料 12, 19, 26, 39, 45, 49,
    55, 192, 195, 197, 211, 219, 225, 241, 248
buna （咖啡地方名，衣索比亞用語） 173
bunga pala （肉豆蔻地方名，印尼語） 145
burns 燒傷 115
butterflies 蝴蝶 81
Byzantium 拜占庭 159

cacahuatl （可可地方名，納瓦特爾語） 153
cacao (Theobroma cacao) 可可 9, 98, 140, 142,

153
cade oil 杜松焦油 171
caffeine 咖啡因 173
calabacero （蒲瓜樹地方名，西班牙語） 43
calabash (Crescentia cujete) 蒲瓜樹 43
California 加州 75, 169, 181
Callao, Peru 卡亞俄，祕魯 29
Cameroon 喀麥隆 140
campeche （墨水樹地方名） 69
camphor laurel 樟腦月桂樹 85
camphor tree (Cinnamomum camphora) 樟樹
    85, 165
Canada 加拿大 77
Canary Islands dragon tree (Dracaena draco) 加
    那利群島的德拉科龍血樹 71
cancer 癌症 58, 75, 253
candlenut (Aleurites moluccana) 石栗 53
canoe birch 獨木舟樺 19
canoes 獨木舟 23, 53, 55, 115, 195, 201, 259, 265
Caravaggio 卡拉瓦喬 127
cargua （金雞納樹地方名） 81
Caribbean 加勒比海地區 8, 43, 49, 55, 153, 201,
    215, 219, 223
carob (Ceratonia siliqua) 長角豆 167
cascarilla 西印度苦香樹 81
cash crops 經濟作物 17, 142, 223
cashew (Anacardium occidentale) 腰果 109, 121,
    263
cassava 樹薯 107
castanha （巴西栗地方名，巴西用語） 107
castle of the devil 魔鬼的城堡 27
Catalunya (Catalonia) 加泰隆尼亞 45
cattle 牛群 47, 263
caulking 防滲填料 107
caxlan pix （樹番茄地方名，瓜地馬拉用語） 163
Centennial' 森特尼爾 65
Central Africa 中非 263
Central America 中美洲 29, 43, 105, 151, 153, 169,
    223, 263
Central Asia 中亞 101, 133, 145
Central South America 中南美洲 243
Centurian encalyptus (Eucalyptus regnans) 杏仁
    桉 209
chachafruto (Erythrina edulis) 食用刺桐 245
chakka （波羅蜜地方名，馬拉雅拉姆語） 215
chan thet （肉豆蔻地方名，泰語） 145
charcoal 木炭 35, 65, 219, 230, 259, 263
Charles II 查理二世 81
Charlton-on-Otmoor, Oxfordshire 查爾頓在奧特
    穆爾民就教區，牛津郡 65
cheesewood 乳酪木 241
chêne （櫟樹地方名，法語） 191
chêne-liège （西班牙栓皮櫟地方名，法語） 45
cherries 櫻桃 98, 128
chewing gum 口香糖 124, 151
Chilean pine 智利南洋杉 248
China 中國 58, 85, 124, 127, 128, 191, 225
chocolate 巧克力 153, 167, 245
cholesterol 膽固醇 115
chutneys 印度酸辣醬 257
cider 蘋果酒 101
cinnamaldehyde 肉桂醛 165
cinnamon (Cinnamomum verum; C. zeylanicum)
    肉桂 143, 165
cinnamon sticks 肉桂棒 165
climate change 氣候變遷 153, 173
clock mechanisms 時鐘機制 33
cloth, clothing 布料，衣物 23, 47, 51, 195, 197
cloves 丁香 165, 171
coastal areas 沿岸地區 43, 118, 195, 219, 227, 251
cobnuts 大果榛 26
cockatoos 鳳頭鸚鵡 115
cocoa 可可 115, 153, 263
coconut palm (Cocos nucifera) 可可椰子 186,
    189, 219
coffee (coffea arabica; C. canephoral robusta)
    咖啡 49, 142, 155, 173, 263
coir 椰殼纖維 219
colds 感冒 43, 59, 217
combs 梳子 90
commercial applications 商業應用 17
communications 通訊 19
compost 堆肥 223
conflict trees 衝突樹 243
Conquistadors 西班牙征服者 81, 153, 163, 169
constipation 便秘 53
containers 容器 43
Cook, James 庫克，詹姆斯 201
coolibah (Eucalyptus microtheca) 澳洲膠桉（小
    套桉） 209
coopering 製桶 192
coppice, coppicing 駢岅再生，駢岅生長；矮林，矮
    林作業 26, 39, 124, 159, 165, 243, 257, 263
coral 珊瑚 71
cord, cordage 繩索 51, 235
cork oak (Quercus suber) 西班牙栓皮櫟 12, 45,
    191

Corsica 科西嘉 147
cosmetics 化妝品 58, 93, 159, 169, 227, 237
Coxcatlan Cave 卡克斯特蘭洞穴 169
crab apple (Malus sylvestris) 歐洲野蘋果 101
crannogs (loch-dwellings) 人工湖（湖上住所）
    26
cream nut 奶油栗 107
Crete 克里特島 159
cricket bats & balls 板球拍與板球 33, 45, 65
cricet-bat willow 板球拍柳 65
Criollo 克里奧羅 153
crocodiles 鱷魚 155
crude oil alternative 原油替代方案 223
Cuba 古巴 49, 55
Cuban Royal oalm 古巴大王椰子 55
cucumber (Dendrosicyos socotranus) 黃瓜樹 71
cuité （蒲瓜樹地方名，巴西葡萄牙語） 43
culex mosquito 家蚊 81
culinary properties 烹飪特性 12, 25-6, 35, 43, 51,
    53, 55, 75, 77, 85, 87, 90, 93, 101, 109, 111, 115,
    121, 124, 131, 140, 142-3, 211, 215, 219, 227, 235,
    237, 243, 245, 263, 265
cultigen 栽培種 169, 189, 197
curries 咖哩 121, 145, 165, 171, 215, 219, 237, 257
curry-leaf tree (Murraya koenigii) 咖哩樹 171
cyanide 氰化物 107
Cyprus 賽普勒斯 25

Dahurian larch (Larix gmelinii) 落葉松 · 253
Dark Ages 黑暗時代 19
Darwin, Charles 達爾文，查爾斯 248
date palm (Phoenix dactylifera) 椰棗 197
de Havilland Mosquito 蚊式轟炸機 29
decongestant 減充血劑 85
deforestation 森林砍伐 17, 81, 223, 230, 251
deglet noor 197
dehesa 德艾薩 45
dental anaesthetic 牙科麻醉劑 87
desert 'greening' 沙漠「綠化」 223
desert peach 沙漠桃 131
desert quandong (Santalum acuminatum) 密花
    澳洲檀香 131
Dhofar Mountains, Oman 佐法爾山，阿曼 61
diabetes 糖尿病 58, 151, 153, 171
Diakité, Mamadou 迪巴基特，馬杜 259
diarrhoea 腹瀉 49, 113, 115, 151, 241
dichogamy 雌雄異熟 134
didgeridoo 迪吉里杜 209
Diksam Plateau, Socotra Island 狄克山姆高原，索
    科拉島 71
dilly （人心果地方名，巴哈馬用語） 151
dioecious 雌雄異株 109, 197
disinfectant 消毒劑 85
diuretics 利尿劑 23, 55, 151
dichogamy 雌雄異熟 134
Dominican Republic 多明尼加共和國 43, 49
dragon's blood tree (Dracaena cinnaban) 龍血樹
    71
drink 飲料 19, 43, 87, 101, 147, 155, 165, 181, 192,
    197, 217, 219, 265
drought-toletant 耐旱 43, 61, 89, 131, 155, 167,
    209, 217, 223, 257, 263
drums 鼓 19, 177, 259, 265
drumstick 鼓棒 277
Dutch East India Company 荷蘭東印度公司 145
dyes 染料 53, 58, 69, 71, 93, 121, 195, 215, 223,
    243, 257, 265
dysentery 痢疾 53, 113, 121, 171, 225

East Africa 東非 7, 121, 235, 243
East Asia 東亞 145
East India Company 東印度公司 71
Eastern black walnut 東部黑胡桃 133
Ecuador 厄瓜多 153
eczema 濕疹 113
edible plants 可食用植物 25-6, 35, 43, 51, 55,
    75
Egypt 埃及 165, 197
elaía 159
electrical insulators 電氣絕緣材 33
electrical power 電力 19
elephants 大象 61, 265
emu 鴯鶓 99, 131
engineering oil 技術作業用油 181
English oak (Quercus robur) 英國櫟樹 191-2
English walnut 英國胡桃 133
epicormic 不定芽 277
epiphyte 附生植物 83
Equatorial Guinea 赤道幾內亞 23
Eritrea 厄利垂亞 265
Erythrina edulis see chachafruto 食用刺桐，見
    「食用刺桐」(chachafruto) 245
essential oils 精油 69, 85, 145, 165, 171, 217
Essex 艾塞克斯郡 147
Ethiopia 衣索比亞 173, 265
eucalyptus (Eucalyptus spp.) 尤加利樹 85, 189,
    209
eugenol 丁香酚 87, 165

Europe 歐洲 65, 93, 191
European beech 歐洲山毛櫸 35
European white birch 歐洲白樺 19
European yew (Taxus baccata) 歐洲紅豆杉 75
explorer's tree 探險家之樹 241

Fabaceae 豆科 259
Fagaceae 山毛櫸科 35
faggots 柴把 26
Far East 遠東 165
fencing 籬笆 12, 26, 147, 195, 197, 209, 211, 217,
    225, 245, 263
fertilizer 肥料 53, 90, 223, 259
fevers 發燒 43, 49, 65, 81, 241, 257
field maple (Acer campestre) 田楓 177
figs (Ficus carica) 無花果 83, 117-18
filberts 歐榛 26
fir 杉木 29
firearms 武器 133
fishing 釣魚 12, 45, 51, 151, 235
flooring 地板材料 35, 45, 177, 217
Florida 佛羅里達 55, 217
flying foxes 狐蝠 115, 217, 241
food see culinary properties 食物，見「烹飪特
    性」(culinary properties)
Forastero 法里斯特羅 153
fractures 骨折 115
France 法國 111, 133, 147
frangipani 扁桃油 90
frankincense (Boswellia sacra) 乳香 61
Freetown, Sierra Leone 自由城，獅子山共和國 23
Fresneau, François 費奴，法蘭索瓦 47
Friedrich, Caspar David, Der einsame Baum (The
    Lonely Tree) 弗里德里希，卡斯帕・大衛，《孤獨
    的樹》 8
Frølich, Theodor 諾普利，西奧多 77
fruit bats 果蝠 115
fuel 燃料 17, 19, 23, 26, 39, 58, 87, 101, 115, 121,
    128, 167, 195, 197, 209, 211, 217, 219, 223, 227,
    235, 243, 251, 257, 259, 263
furniture-making 家具製作 19, 35, 49, 55, 87, 105,
    111, 113, 115, 124, 133, 169, 177, 217, 225, 257,
    263
furu （歐洲赤松地方名，挪威語） 205

gao （相思樹地方名，挪威語） 205
Garden of Eden 伊甸園 98, 101
gean （歐洲甜櫻桃地方名） 123
gear cogs 齒輪 111
Genoa 熱那亞 147
getah perca （古橡膠木地方名，馬來語） 17
Ghana 迦納 153
Gibbons, Grinling 吉本斯，格里林 39
Glenridding, Cumbria 格倫里丁，坎布里亞郡 191
glue 膠 90
Gmelin, Johann Georg 格梅林，約翰・喬治 253
goats 山羊 159, 167, 227, 263
goat's horn 山羊角 167
Golan Heights 戈蘭高地 109
gold 黃金 167
golf balls 高爾夫球 17
Goodyear, Charles 固特異，查爾斯 47
Gorkhi-Terelj National Park, Mongolia 特勒吉國家
    公園，蒙古 253
grafting 嫁接 98-9, 101, 105, 109, 111, 121, 134, 169,
    257
Grandidier's baobab (Adansonia grandidien) 猴
    麵包 155
Great Lakes, N. America 北美五大湖 19
Greece 希臘 147
Greek nuts 希臘堅果 181
Guatemala 瓜地馬拉 23, 69, 169
guato （食用刺桐地方名，厄瓜多用語） 245
gui-natsu グイナツ（日語，讀音為gui-natsu） 253
guiro 刮胡 43
guitars 吉他 33, 49, 177
gunpowder 火藥 65, 85
gunstocks 槍托 133
gutta-percha (Palaqulum gutta) 古塔膠木 17, 151
guwandhang 框欄果 131

haematoxylin 蘇木精 69
hair conditionaer 潤髮乳 263
Haiti 海地 33, 43
harpsichords 大鍵琴 111
Harrison, John 哈里森，約翰 33
haruv （長角豆地方名） 167
Hawaii 夏威夷 163, 215
Haworth, Norman 霍沃斯，諾曼 77
hazel 榛樹 19
hazelnut (Corylus avellana) 榛果 19
headaches 頭痛 53, 83, 217
Heady, Dr. Roger 黑帝，羅傑博士 29
heathland 荒原 39
hedges, hedging 樹籬 93, 237
Herculaneum 赫庫蘭尼姆古城 127
hermaphrodite 兩性花 124, 163
heterozygous 異型合子 111, 159

索引 269

Heyerdahl, Thor 海爾達，索爾 29
hiapo （構樹地方名，東加語）51
Himalayas 喜馬拉雅山脈 58, 163
Hindus 印度教徒，印度教的 83, 219
Hippocrates 希波克拉底 65
A History of East Indian Trees and Plants, and their Medical Properties (17th century)《東印度樹木、植物與其醫療功效的相關歷史》（17世紀）219
HM Bark Endeavour 奮進號 201
HM Sloop Beagle 小獵犬號 248
HMAT Bounty 邦蒂號 51, 189, 201
HMS Providence 普羅維登斯號 201
holm oak (Quercus ilex) 冬青櫟樹 191
Holst, Axel 霍爾提斯，阿克塞爾 77
Homer, Odyssey 荷馬，《奧德賽》111
honey 蜂蜜 39, 155, 209, 217, 227, 259
Hope Town 霍普鎮 201
Horn of Africa 非洲之角 61
horseradish 辣根 127
horses 馬 9
Hortus malabaricus (17th century)《馬拉巴花園》（17世紀）121
Howes, F. N., Nuts: Their Production and Everyday Uses 豪斯，法蘭克·諾曼，《堅果：關於其生產及日常應用》107, 109
huāxcuahuitl （銀合歡地方名，納瓦特爾語）243
Hula valley 胡拉谷 109
hunter-gatherers 狩獵採集者 12, 26, 143, 209, 211
hurdles 欄 26
hydrocyanic compounds 氰化氫 151
hydrojuglones 氫化胡桃醌

Iberian lynx 伊比利亞猞猁 45
Ibn Al-Baytar 白塔爾，伊本 227
Ibn Battuta 巴杜達，伊本 227
Ice Age 冰河時期 26, 111, 205
ifi （太平洋地方名，薩摩亞、東加與霍倫群島用語）171
immunostimulants 免疫刺激劑 58
imperial War Museum 帝國戰爭博物館 39
Inca 印加 33, 163, 169
incense 焚香 71, 225
India 印度 58, 121, 181, 225, 237, 263
India rubber (Hevea brasiliensis) 印度橡膠 17
Indian cinnacar 印度朱砂 71
Indian date (tamr hindi) 印度椰棗 257
Indian lilac 印度紫丁香 89
Indin neem 印度楝 49
Indian Ocean 印度洋 71, 195
Indian Ocean Tsunami (2004) 印度洋海嘯 230, 351
Indian walnut 印度胡桃 53
Indonesia 印尼 17, 140, 223, 251
Indus Valley 印度河谷 97
inflammation 發炎 165, 265
ink 墨水 53, 192, 265
insect bites 蟲咬 171
insect-repellents 驅蟲劑 58, 85, 201, 209
insecticides 殺蟲劑 89
insulators 絕緣材 45, 47
intercrop species 間作種 195, 215, 230, 263
Iran 伊朗 197
Ireland 愛爾蘭 19, 35, 205
ironwood 鐵木 33
isimuhu （非洲朴樹木地方名，祖魯語）155
island walnut 島胡桃 195
isoprene 異戊二烯 209
Israel 以色列 227
Itacoatiara 伊塔夸蒂亞拉 107
Italy 義大利 35, 147
Ivory Coast 象牙海岸 153

jaca （波羅蜜地方名，葡萄牙語、西班牙語）215
jackfruit (Articarpus heterophyllus) 波羅蜜 51, 215
Jamaica 牙買加 33, 49, 201
Jamaica wood 牙買加木 69
Japan 日本 85, 124, 127
jatrophine 麻瘋樹鹼 223
Java 爪哇 9
jawz hindi （可可椰子地方名，阿拉伯語）219
Jesuit's bark (Cinchona tree) (Cinchona officinalis; C. calisaya) 耶穌會的樹皮（金雞納樹）81
jewellery 珠寶 107
Jordan 約旦 227
jumbie bean 惡靈豆 243
juniper 杜松木 171
Justinian, Emperor 查士丁尼一世，拜占庭皇帝 31

kakawate （南洋櫻地方名，菲律賓語）263
kalimasada （橙花破布子地方名，爪哇語）195
Kamchatka 堪察加半島 19
kaneel （肉桂地方名，荷蘭語）
kanluang （東方烏檀地方名，泰國語）241
kapok (Ceiba pentandra) 吉貝木棉 23
kapokier （吉貝木棉地方名，法語）23

karri pattha （印度咖哩葉地方名，印度、斯里蘭卡用語）171
karrub （長角豆地方名）167
kauri (Agathis australis) 紐西蘭貝殼杉 232, 247-8
Kawago, Takeo City 川越，武雄市 85
kayu manis （肉桂地方名，斯里蘭卡用語）165
kemiri （石栗地方名，馬來語）53
Kenya 肯亞 265
Kerala 喀拉拉邦 215
kerosene 煤油 195
Kerr, James 克爾，詹姆斯 215
Kew Garden 邱園 47, 51, 121
Klimt, Gustav, The Birch Wood 克林姆，古斯塔夫，《樺樹林》20
knives 刀子 33
Knossos 克諾索斯 159
koala bear 無尾熊 248
kombu （樺葉地方名，巧克陶語）87
Kon-Tiki 康提基號 189, 195
kou (Cordia subcordata) 橙花破布子 189, 195
kukui (Aleurites moluccana) 石栗 53
kulfi 印度牛奶雪糕 109
Kuna people 庫納族 153
kuru （麵包樹地方名，庫克群島用語）201
kusunoki 楠木 85

La Condamine, Charles Marie de 康達明，夏勒·瑪西·德·拉 47
ladles 長柄杓 43
lal dhuna (resin) 娑羅樹的樹脂 225
larches 落葉松 253
latex 乳膠 17, 47, 151, 201, 215
laurel 月桂樹 85, 165
laxatives 瀉藥 43, 53, 197, 257
leather 皮革 25, 49, 58, 109, 121, 186, 192
legumes, leguminous 豆科植物；豆類的 98, 115, 133, 243, 257, 259
Leichhardt, Ludwig 萊卡特，德維希 241
leichhardt (Nauclea orientalis) 東方烏檀 241
lemons & limes (Citrus medica; Citrus spp.) 檸檬與萊姆 77
lenticel 皮孔 19, 123, 128
lesser twayblade orchid 心葉鳥巢蘭 205
tree levona 47
lichens 地衣 19
lighting 照明 9, 12, 53, 107, 131, 142, 159, 223, 225, 257, 265
lime honey 椴樹花蜜 39
Limeys' 英國水手 77
Lind, James 林德，詹姆斯 77
Lindisfarne Gospels 《林迪斯恩福音書》192
Loch Tulla 塔拉湖 206
locust-tree 蝗蟲樹 167
logwood (Haematoxylum campechianum) 墨水樹 69
longbows 長弓 75
lorikeets 吸蜜鸚鵡 217
Louis XIV 路易十四 81
Lower Saxony 下薩克森 65
lubricants 潤滑油 81
Luisa Maria, Queen of Spain 路易莎，瑪麗亞，西班牙皇后 81
lusina （銀合歡地方名，史瓦希利語）243

Madagascar 馬達加斯加 155
madeira mahogany 馬德拉紅木 257
maderon negro （南洋櫻地方名，哥斯大黎加用語）263
mahogany (Swietenia mahagoni & S. macrophylla) 桃花心木 49
maidenhair tree (Ginkgo biloba) 銀杏 59
maize 玉米 115, 259
Malabar Coast 馬拉巴爾海岸 121
Malaku Islands (Moluccas) 摩鹿加群島 140, 145
malaria 瘧疾 58, 81
Malaysia 馬來西亞 17, 121, 219
Mali 馬利共和國 155
malus （蘋果地方名，拉丁語）101
Mamora forest, Morocco 馬莫拉森林，摩洛哥 45
manchineel tree (Hippomane mancinella) 毒番石榴樹 8
mang-chi-shih 莽吉柿 113
manga （芒果地方名，葡萄牙語）121
manggis （山竹地方名，馬來語）113
mango (Mangifera indica) 芒果 121
mangosteen (Gardinia mangostana) 山竹 99, 113
mangroves (Rhizophora) 紅樹 29, 230, 233, 251
mangue （紅樹地方名，葡萄牙語）251
Manhattan 曼哈頓島 145
manna （芒果地方名，馬來語）121
Manaus 瑪瑙斯 107
Maoris 毛利人 248
maples 楓樹 19, 177-8
maracas 沙鈴 43
Maradi 馬拉迪地區 259
maritime forests 沿海森林 75

Marquesas Archipelago 馬克薩斯群島 115, 201
marron （歐洲栗地方名，法語）147, 209
marula (Sclerocarya birrea) 馬魯拉樹 265
marzipan 扁桃糖膏 181
Massachusetts 麻薩諸塞州 105
mast 聚果 35
Masumoto, David 'Mas', Epitaph for a Peach 增本，大衛·馬斯，《桃樹輓歌》127
matchwood 火柴棒的木料 58
Mauritania 茅利塔尼亞 265
Maya 馬雅 23, 105, 153, 169
mazzard （歐洲甜櫻桃地方名）123
medicinal properties 藥物特性 9, 23, 31, 33, 43, 49, 51, 53, 55, 58-9, 71, 75, 77, 81, 83, 87, 89, 99, 113, 115, 121, 140, 145, 151, 153, 165, 171, 197, 215, 217, 219, 225, 227, 237, 241, 243, 251, 253, 257, 265
Mediterranean 地中海地區 45, 109, 140, 167, 181, 191, 197
medjool （椰棗地方名，摩洛哥用語）197
Meliaceae 楝科 49
Mendes, Chico 曼德斯，奇科 47
Mesoamerica 中美洲生物廊道 105
Mesoamerican Biological Corridor 中美洲生物廊道 105
Mexican dragon's blood tree (Croton lechleri) 亞馬遜龍血樹 47
Mexico 墨西哥 105, 169, 191, 243
mgongo （馬魯拉樹地方名，史瓦希利語）265
Middle Ages 中世紀 26, 39, 147
Middle East 中東 31, 159, 165, 197
mill gearing 磨坊的傳動裝置 101
millet 小米 259
minerals 礦物質 147, 169, 171, 178, 181, 186, 197, 215, 219, 225, 237, 243, 257, 263
mkilifi （辣木地方名，史瓦希利語）89
mlonge （辣木地方名，史瓦希利語）237
mockernut (Carya tomentosa) 絨毛山核桃 105
M'oganwo (Khaya senegalensis) 非洲楝 49
mogar （乳香地方名，阿拉伯語）61
Monardes, Nicolás, Joyful News out of the New Founde Worlde 蒙納德斯，尼古拉斯，《從新世界捎來的喜訊》87
Monet, Claude 莫內，克勞德 127
Monkey Puzzle Tree (Aravcaria araucana) 猴迷樹 248
monoecious 雌雄同株 45, 105, 134, 205
montado 蒙塔多 45
moringa (Moringa oleifera) 辣木 237
Morocco 摩洛哥 45, 189, 227
Morris, Dr. R. T. 莫里斯，R. T. 醫生 105
mosquitoes 蚊 81
mothball alternatives 防蟲丸的替代品 85
moths 蛾 81, 131, 209
Motihar 莫蒂哈里 215
motor cars 汽車 133-4
Mount Etna 埃特納火山 147
Mount Vesuvius 維蘇威火山 127
mowana （非洲猢猻木地方名，札那語）155
mulberry 桑樹 177
mulga acacia (Acacia aneura) 無脈相思樹 188, 189, 209, 211
mulga wattle （無脈相思樹地方名）211
mumian 木棉 23
murungai （辣木地方名）237
muscle-relaxants 肌肉鬆弛劑 71, 81
musical instruments 樂器 9, 33, 43, 49, 71, 111, 124, 177, 195, 209, 259, 265
musk ox 麝牛 253
mycorrhizal 菌根 35, 248
myrtle 桃金孃 217
myths and legends 神話與傳說 7, 98, 111, 115, 153, 155, 225

Namibia 納米比亞 259, 265
nangka （波羅蜜地方名，印尼語）215
Napoleon Bonaparte 拿破崙一世 133
narrow-leaved paperbark (Melaleuca alternifolia) 複葉白千層 217
nashi （梨地方名，日語）111
Natural History Museum 自然歷史博物館 33
nausea 噁心 171
nawanawa （橙花破布子地方名，斐濟語）195
Neapolitan ice cream 那不勒斯三色冰淇淋 109
nectarine 油桃 128
neem tree (Azadirachta indica) 印度楝 89-90
Nenets people 涅涅茨人 253
nets 網子 147, 155
New Caledonia 新喀里多尼亞 217
New Guinea 紐幾內亞 115, 145, 201, 217
New South Wales 新南威爾斯 209
New York 紐約 173
New Zealand 紐西蘭 165, 232, 248
Newfoundland 紐芬蘭島 19
Newton, Amanda Almira 牛頓，亞曼達·阿爾米拉 99, 167, 263
niaouli （白千層地方名，卡納克語）217
Niger 尼日 259

nimtree （印度楝地方名）89
nispero （人心果地方名，多明尼加共和國用語）151
nitrogen-fixing 固氮 115, 131, 167, 211, 230, 235, 243, 245, 257, 259, 263
North Africa 北非 227
North America 北美 19, 35, 105, 133, 191, 253
North American birch 北美樺樹 12
North Central Africa 中非北部 235
North Sea coast 北海沿岸 93
Northern Territory, Australia 北領地，澳洲 131
Norway spruce 挪威雲杉 171
Nuku-Hiva Island 努庫希瓦島 201
nutmeg and mace (Myristica fragrans) 肉豆蔻核仁與蔻衣 145, 165, 171
nuts 堅果 35, 101
nux gallica （胡桃地方名，拉丁語）133
nux indica （可可椰子地方名，拉丁語）219

oak trees 櫟樹 35, 98, 186
Okavango Delta, Botswana 奧卡萬戈三角洲，波札那 259
olibanum 乳香 61
oliva （油橄欖地方名，拉丁語）159
olive (Olea europaea) 油橄欖 109, 159, 167
Olmec 奧爾梅克文明 47
Oman 阿曼 61
oranges 柳橙 77, 98
Oregon, USA 奧勒岡州，美國 75
oriental cherries (Prunus pseudocerasus) 中國櫻桃 124
Out of Taiwan model 出台灣說 51

Pacific archipelagos 太平洋群島 51, 115, 195
Pacific coast 太平洋沿岸 118
Pacific Ocean 太平洋 53, 201
Pacific yew tree (Taxus brevifolia) 太平洋紅豆杉 58, 75
packing cases 包裝用木箱 58
paint 顏料 23, 26, 257
palm cabbage 椰菜 107
palm oil trees 棕櫚油樹 142
palo santo 聖檀木 33
Panama 巴拿馬 153
Panama rubber tree (Castilla elastica) 美洲橡膠樹 47
pannage 林地放養豬 35
paper 紙 35, 58, 201, 209, 243
paper birch 紙樺 19
paper mills 紙廠 19
paper mulberry (Broussonetia papyrifera) 構樹 51
paperbark (Melaleuca spp.) 白千層 217
Papua New Guinea 巴布亞紐幾內亞 173
para nut 帕拉果 107
pará rubber （巴西橡膠樹地方名）47
parthenocarpic cultivars 單為結實的培育品種 118
passanda sauces 白咖哩醬 155
Passmore, Deborah Griscom 帕斯莫，黛博拉·格里斯康 99, 113, 167
pauane （樟樹地方名，蒂根誇語）87
pea 豌豆 235
peaches (Prunus persica) 桃 98, 99, 101, 127-8, 181
Pearl River delta 珠江三角洲 51
pears (Pyrus communis) 梨 98, 111
pecan (Carya illinoinensis) 長山核桃 105
Pera. G. 培拉？，吉薩佩 117, 118
perfumes 香精 58, 77, 85, 145, 209, 217
permaculture 樸門永續農業設計 230
perry (poiré) 梨 111
Persia 波斯 109, 128
Persian apple 波斯蘋果 127
Persian walnut 波斯胡桃 133
Peru 祕魯 81, 153
pesteh （開心果地方名，古波斯語）109
Philippines 菲律賓 151
phloem 韌皮部 178
phyllodes 假葉 211
physic nut (Jatropha curcas) 麻瘋樹 223
phytosterols 植物固醇 169
pianos 鋼琴 9
pickles 漬物 121, 257
pignut (Carya glabra) 光葉山核桃 105
pigs 豬 8, 147, 192
pillows 枕頭 23
pin sauvage （歐洲赤松地方名，法語）205
pine martens 松貂 205
pine trees 松樹 85, 253
Pink, Olive 品客，奧利芙 131
Pinus sylvestris see Scots pine 歐洲赤松，見「歐洲赤松」
Pippala （菩提樹地方名）83
pirates 海盜 49
pisonay （食用刺桐地方名，祕魯、阿根廷用語）245
Pissaro, Camille, Le Verger (The Orchard) 畢沙羅·卡米耶，《果園》7

pistachio (*Pistacia vera*) 開心果 109
pistakion （開心果地方名，古希臘語） 109
plastic alternative 塑膠的替代品 55
Pliny the Elder 老普林尼 65, 133, 215
plums 李子 128
plywood 膠合板 19, 29
pockholtz （癒創木地方名） 33
podzolizes 灰化 248
poisonous/toxic plants 有毒植物 8, 59, 85, 128, 140, 217, 223, 241, 243, 259
pollard 去梢 65
Polynesia 玻里尼西亞 29
pommier （蘋果地方名，法語） 101
Port Essington 埃辛頓港 241
Portugal 葡萄牙 45, 147
pottery 陶器 71
pounders 搗具 113
Priestley, Joseph 普利斯特利，約瑟夫 47
proteins 蛋白質 181, 219, 225, 227, 245, 263, 265
pry （小葉椴地方名） 39
psychoactive agents 使人精神異常的作用物 145
psyllid lice 木蝨 243
pterygospermin 辣木素 237
Puerto Rico 波多黎各 23, 113
punk tree 龐克樹 217
purgatives 瀉藥 58
purging nut 淨化堅果樹 223
Pyrenees 庇里牛斯山 45

Quechua 克丘亞人 81
Queen's Lane Coffee House, Oxford 女王巷咖啡館，牛津 173
Queensland 昆士蘭 241
quickstick (*Gliricidia sepium*) 南洋櫻 263
quina （金雞納樹地方名） 81
quinine 奎寧 81

Raedwald, king 雷德沃爾德，盎格魯－撒克遜王國的國王 39
railway sleepers 鐵路枕木 263
rainforests 雨林 173, 253
Raleigh, Sir Walter 雷利，沃爾特爵士 87
Raroia 拉羅亞 29
red mangrove (*Rhizophora mangle*) 美洲紅樹 251
red maple (Acer rubrum) 紅楓 178
red sassafras 紅檫樹 87
reindeer 馴鹿 253
religious properties 宗教特性 55, 61, 83, 89, 117, 127, 173, 197, 215
respiratory disease 呼吸道疾病 197
Restoration period 英國王政復辟時期 81
reverse leaf phenology 逆向樹葉物候學 259
rheumatism 風濕病 145
Rift Valley 東非大裂谷 243
rivierboontjie （田菁地方名，南非語） 235
roble （櫟樹地方名，西班牙語） 191
rock maple 岩楓 177
Rome, Romans 羅馬，羅馬人 31, 145, 147, 165
rope 繩 9, 39, 51, 155, 197, 265
rosehips 玫瑰果 77
Royal palm (Roystonea regia) 大王椰子 55
rubber tree (*Hevea brasiliensis*) 巴西橡膠樹 47
Rubens, Peter Paul 魯本斯，彼得．保羅 127
Russia 俄羅斯 205, 253
ruxiang 乳香 61

saa （構樹地方名，泰語） 51
saas （白相思樹地方名，塞內加爾：塞雷爾語） 259
sacks 袋子 155
sacred fig 神聖無花果樹 83
Sahel 薩赫爾 230, 265
St John's bread 聖約翰的麵包 167
St Rémy asylum, Provence 聖雷米療養院，普羅旺斯 31
sal (*Shorea robusta*) 娑羅樹 225
sala （娑羅樹地方名，阿薩姆語、印地語） 225
Salicaceae 楊柳科 65
salicylate 水楊酸 65
sallowthorn 灰棘 93
salsa 莎莎醬 163
Samoa 薩摩亞 115
sampalak （羅望子地方名，菲律賓語） 257
Sandby, Paul, 'Landscape with beech trees and a man driving cattle and sheep' 桑德比，保羅，《山毛櫸與男子驅趕牛羊的景色》 35
sandthorn 沙棘 93
Sanno shrine, Nagasaki 山王神社，長崎 85
Santa María la Menor Cathedral, Santo Domingo 聖瑪麗亞．拉梅諾爾大教堂，聖多明哥 49
sapodilla 人心果 143
savannah 疏林 7
Scandinavia 斯堪地維亞 35
schistosomiasis 血吸蟲病 265
Schutt, Ellen 舒特，艾倫 77, 127
scoop 勺子 43
Scots pine (*Pinus sylvestris*) 歐洲赤松 186, 205, 248
Scrapie 搔癢症 81
scurvy 壞血病 58, 77, 93
sea buckthorn (*Hippophae rhamnoides*) 沙棘 59, 93, 230
Sea of Galilee 加利利海 109
sea trumpet 海喇叭 195
seaberry 海莓 93
Second World War 第二次世界大戰 29
Senegal 塞內加爾 265
serigueira （巴西橡膠樹地方名，葡萄牙語） 47
sesbania (*Sesbania sesban*) 田菁 235
sessile oak (*Quercus petraea*) 無梗花櫟 191
shagbak hickory (*Carya ovata*) 鱗皮山核桃 105
Shakespeare, William 莎士比亞，威廉 111
sheep 綿羊 159, 263
shellbark (*Carya laciniosa*) 貝殼山核桃 105
shields 盾 39
ship/boat-building 艦艇／船隻製造 23, 29, 39, 49, 51, 53, 55, 87, 107, 151, 192, 201, 205, 219, 225, 248, 259, 265
shoes 鞋 47
short-toed eagle 短趾鵰 45
shrimp farms 養蝦場 251
Sicily 西西里 45, 147
silk 絲 31
silk moth (Bombix mori) 蠶 31
Silk Road 絲路 31
silk-cotton tree 絲棉樹 23
silkworm 蠶 31
simaiyatti （無花果地方名，坦米爾語） 117
Sinbad the Sailor 水手辛巴達 219
Singapore 新加坡 4
siringa （巴西橡膠樹地方名，西班牙語） 47
slaves 奴隸 33, 49, 69, 105, 153, 173, 201
Sloane, Hans 斯隆，漢斯 33, 169
small-leaved lime (*Tilia cordata*) 小葉椴 39
snake-bites 蛇咬 31, 83, 265
soap-making 肥皂製作 53, 90, 142, 169, 171, 219, 223, 259
sobreiro （西班牙栓皮櫟地方名，葡萄牙語） 45
Socotra dragon tree 索科特拉龍樹 71
Socotra Island 索科特拉島 71
soices 145
soil stabilizers 土壤穩定劑 93, 115, 195, 205, 211, 217, 230, 232-3, 235
Somalia 索馬利亞 61
sorghum 高粱 259
Sorrento 蘇連多 77
soundproofing 隔音 45
sour cherry (*Prunus cerasus*) 酸櫻桃 99, 124
South Africa 南非 155, 163
South America 南美 23, 29, 43, 153, 169, 215, 237
Southeast Asia 東南亞 9, 17, 23, 51, 85, 113, 117, 165, 215, 230, 237, 243, 263
Sowerby, J. 索爾比，J． 217
Spain 西班牙栗 147
Spanish chestnut 西班牙栗 147, 219
Spice Islands 香料群島 140, 219
spoked wheels 輻條輪 105
spruce 雲杉 253
squirrels 松鼠 26, 205
Sri Lanka 斯里蘭卡 165, 171
Steadman, Royal Charles 斯特德曼，羅耶．查爾斯 98, 99, 159
stews 燉菜 145, 163, 219
Stone, Rev. Edward 史東，艾德華神父 65
strangling Pipal (*Ficus religiosa*) 菩提樹 83
sub-Saharan Africa 撒哈拉以南非洲 230
subabul （銀合歡地方名，印地語） 243
sugar 糖 20, 153, 201
sugar maple (*Acer saccharum*) 糖楓 142, 177-8
sukun （麵包樹地方名，印尼用語） 201
Sumatra 蘇門答臘島 61
supertrees 超級樹 186, 189
Sutton Hoo 薩頓胡莊園 39
Swan River 天鵝河 241
sweet cherry 甜櫻桃 123
sweet chestnut (*Castanea sativa*) 歐洲栗 147
sweet neem 甜楝樹 171
sweet potato 地瓜 115
sweet sapodilla (*Manilkara zapota*) 人心果 151
Switzerland 瑞士 147
sycamore (*Acer pseudoplatanus*) 洋桐槭 177
Szent-Györgyi, Albert 聖捷爾吉，艾伯特 77

Ta Prohm temple, Angkor Wat 塔普倫寺，吳哥窟 23
taban （古塔膠木地方名） 17
Tabor, Robert 塔博爾，羅伯特 81
Tahitian chestnut (*Inocarpus fagifer*) 太平洋栗 115
Taino duho chairs 泰諾族儀式用椅 33
Taino people 泰諾族 43
tamarillo (*Cyphomandra betacea*) 樹番茄 163
tamarind (*Tamarindus indica*) 羅望子 98, 230, 257
tamarindo （羅望子地方名，拉丁美洲用語） 257
Tamil Nadu 泰米爾那都州 89
Tane Mahuta 森林之神 248
Tane Moana 巨樹莫阿納 248
tannin 單寧 58, 121, 151, 191, 192, 243
Tao Shu 桃樹 127
tapa cloth 樹皮布 51
tar 焦油 205
Tarifa Cadiz 塔里法 12
Tasmanian (or southern) blue gum (*Eucalyptus globulus*) 藍膠尤加利 209
taxols 紫杉醇 75
Taymyr peninsula 泰梅爾半島 253
Te Matua Ngahere 森林之父 248
tea 茶 31, 33, 90
tea-tree oil 茶樹油 217
Tehuacán valley 特瓦坎谷地 169
The Pom Khlong Song Nam National Park, Thailand 撒彭克隆頌楠國家公園，泰國 233
Thailand 泰國 58, 219
thatching 用草料蓋屋頂 55, 115, 197, 219
Theophrastus 泰奧弗拉斯托斯 111
Timor 帝汶島 53
Todd River 托德河 131
toddy 棕櫚汁 219
tomate andiño （樹番茄地方名） 163
tomato tree 番茄樹 163
tomatoes 番茄 245
tongo （紅樹地方名，東加語） 251
tonics 通寧水 58
tool handles 工具把手 105, 113, 115, 151, 257, 263
tool-making 工具製作 26
teethache 牙痛 265
toothbrushes 牙刷 87, 90
torsalo flies 人疽蠅 263
tree of life (*lignum vitae*) (Guaiacum officinale; G. sanctum) 癒創木 12, 33
Trinitario 千里塔力奧 153
tropical forest 熱帶森林 49
Tuamotu Islands 圖阿莫土群島 29
tumours 腫瘤 53
tusser silkworm 柞蠶 223
tzapotl （人心果地方名，納瓦特爾語） 151

Ueno Park, Tokyo 上野公園，東京 123
Uganda 烏干達 243, 265
ulcers 潰瘍 257
umquambuqweqwe （田菁地方名，祖魯語） 235
UNESCO 聯合國教科文組織 227
United Nations 聯合國 128
University of Tasmania 塔斯馬尼亞大學 131
Unter der Linden, Berlin 林登大道，柏林 39
upside-down tree 上下顛倒樹 155
Ural mountains 烏拉爾山脈 25
utensils 用具 43, 195, 225, 259, 265
uto （麵包樹地方名，斐濟用語） 201
Uzbekistan 烏茲別克 109

Van Gogh, Vincent 梵谷，文森 31, 111, 127, 128, 159, 181
vanilla orchids 香莢蘭 243
varnish 亮光漆 71
varnish tree 漆樹 53
vehicle tyres 汽車輪胎 47
Venice 威尼斯 165
Vietnam 越南 173
Viking Age 維京時代 39
violins 小提琴 71, 177
vitamin A 維生素A 93, 163, 169, 171
vitamin B2 維生素B2 93, 171, 181
vitamin B3 維生素B3 181
vitamin B5 維生素B5 109
vitamin B6 維生素B6 93, 109
vitamin B1 維生素B1 93, 109
vitamin C 維生素C 77, 93, 101, 131, 147, 155, 163, 171
vitamin D 維生素D 169
vitamin E 維生素E 107, 109, 159, 169, 227
vitamin K 維生素K 109, 159
vitamins 維生素 111, 237

Waipoua forest, New Zealand 懷波瓦森林，紐西蘭 248
waldkiefer （歐洲赤松地方名，德語） 205
walking sticks 拐杖 19
walking-stick tree 拐杖樹 25
walnut (*Juglans regia; J. nigra*) 胡桃 105, 133-4, 181
wanjanu （密花澳洲檀香地方名，皮詹加加拉語） 131
warty birch 疣樺 19
wasp galls 蟲癭 109, 192, 211
wasps 蜂 83, 118, 121
water chestnuts 菱角 109
water decontamination 過濾水中雜質 237
waterproofing 防水 26, 35, 47
wattle 枝條 26
weaving 編織 219
weeping paperbark 垂枝白千層 217
Wellstead, R. 韋爾斯泰德，雷蒙 71
West Africa 西非 49, 153, 155
West African Khaya 西非喀亞木 49
West Indies 西印度群島 49
wetahiriya （南洋櫻地方名，僧伽羅語） 263
wharves 碼頭 55
wheel-making 製輪 257
white acacia 白相思樹 259
white lead tree (*Leucaena leucocephala*) 銀合歡 243
white mulberry (*Morus alba*) 桑樹 31
white sassafras 白檫樹 87
white willow (Salix alba) 白柳 65
Wickham, Henry 威克翰，亨利 47
wild almond (*Amygdalus communis*) 野生扁桃 181
wild apples 野生蘋果 9
wild cherry (*Prunus avium*) 歐洲甜櫻桃 123-4
wild kapok (Bombax valetonii) 瓦勒頓木棉 23
willow 柳樹 253
Wiltshire 威爾特郡 35
winauk （檫樹地方名） 87
wind-/water-powered mills 風車／水車 111
wine 葡萄酒 219, 265
wine barrels 葡萄酒桶 192
wine corks 葡萄酒軟木塞 45
withies 柳條 65
wolgol （密花澳洲檀香地方名，努加語） 131
wood-carving (or turning) 木雕（或木車旋） 23, 33, 39, 90, 99, 151, 159, 167, 169, 195, 205, 211, 265
woodpeckers 啄木鳥 19
Worcestershire sauce 伍斯特醬 245
wounds 傷口 53, 58, 121, 142

yam 山藥 115
Yannarilyi, Johnny Jambijimba 亞納里伊，強尼．詹比金巴 131
yaxche （吉貝木棉地方名，馬雅語） 23
yellow orioles 黃色擬黃鸝 241
Yemen 葉門 61, 173
yol-ko （太平洋紅豆杉地方名，西北邁杜第一民族用語） 75

Zhao Ruga 趙汝適 61

Trees of Life

世界之樹

孕育地球生命的樹木圖鑑

作者	麥克斯·亞當斯（Max Adams）
譯者	張雅億
審訂	胖胖樹王瑞閔
植物生理審訂	葉綠舒
責任編輯	謝惠怡
美術設計	郭家振

發行人	何飛鵬
事業群總經理	李淑霞
副社長	林佳育
圖書主編	葉承享

出版	城邦文化事業股份有限公司 麥浩斯出版
E-mail	cs@myhomelife.com.tw
地址	104台北市中山區民生東路二段141號6樓
電話	02-2500-7578
發行	英屬蓋曼群島商家庭傳媒股份有限公司城邦分公司
地址	104台北市中山區民生東路二段141號6樓
讀者服務專線	0800-020-299（09:30～12:00；13:30～17:00）
讀者服務傳真	02-2517-0999
讀者服務信箱	Email: csc@cite.com.tw
劃撥帳號	1983-3516
劃撥戶名	英屬蓋曼群島商家庭傳媒股份有限公司城邦分公司

香港發行	城邦（香港）出版集團有限公司
地址	香港灣仔駱克道193號東超商業中心1樓
電話	852-2508-6231
傳真	852-2578-9337

馬新發行	城邦（馬新）出版集團Cite（M）Sdn.Bhd.
地址	41, Jalan Radin Anum, Bandar Baru Sri Petaling, 57000 Kuala Lumpur, Malaysia.
電話	603-90578822
傳真	603-90576622

總經銷	聯合發行股份有限公司
電話	02-29178022
傳真	02-29156275

製版印刷	凱林彩印股份有限公司
定價	新台幣650元／港幣217元

2022年03月初版二刷·Printed In Taiwan
ISBN　978-986-408-643-6

國家圖書館出版品預行編目（CIP）資料

世界之樹：孕育地球生命的樹木圖鑑 / 麥克斯·亞當斯
（Max Adams）著；張雅億譯. -- 初版. -- 臺北市：麥浩
斯出版：家庭傳媒城邦分公司發行, 2020.11
　面；　公分
譯自：Trees of Life
ISBN 978-986-408-643-6(平裝)

1.樹

538.74　　　　　　　　　　　　　　109013102